● 厦门大学首批"十四五"精品教材立项建设项目

数字信号
与图像处理的
MATLAB实践

主　编　杨　钰

副主编　董继扬　曹烁晖　黄玉清　陈　忠

厦门大学出版社　国家一级出版社
XIAMEN UNIVERSITY PRESS　全国百佳图书出版单位

图书在版编目（CIP）数据

数字信号与图像处理的 MATLAB 实践 / 杨钰主编.
厦门 ：厦门大学出版社，2024. 8. -- ISBN 978-7-5615-
9473-5

Ⅰ. TN911.7

中国国家版本馆 CIP 数据核字第 2024KV5337 号

责任编辑　郑　丹
美术编辑　李嘉彬
技术编辑　许克华

出版发行　厦门大学出版社
社　　　址　厦门市软件园二期望海路 39 号
邮政编码　361008
总　　　机　0592-2181111　0592-2181406（传真）
营销中心　0592-2184458　0592-2181365
网　　　址　http://www.xmupress.com
邮　　　箱　xmup@xmupress.com
印　　　刷　厦门市金凯龙包装科技有限公司

开本　787 mm×1 092 mm　1/16
印张　12
字数　286 千字
版次　2024 年 8 月第 1 版
印次　2024 年 8 月第 1 次印刷
定价　35.00 元

厦门大学出版社
微信二维码

厦门大学出版社
微博二维码

本书如有印装质量问题请直接寄承印厂调换

前　言

在当今信息化时代,数字信号与图像处理技术无处不在。党的二十大报告指出:"构建新一代信息技术、人工智能、生物技术、新能源、新材料、高端装备、绿色环保等一批新的增长引擎。"所有这些新引擎无不需要数字信号与图像处理技术。从天文观测到地球物理,从医学成像到通信工程,再到自动驾驶和智能监控,各个领域均涉及数字信号与图像处理方法。这些应用的发展,尤其是诸如深度学习等前沿算法的进步,都离不开对信号处理底层理论的深入理解。尽管"数字信号处理"与"数字图像处理"相关课程教材对这些原理进行了深入详尽的讨论,但其中介绍的理论与数学公式通常较为抽象与枯燥,无形中拉大了学习者与知识的距离。

在多年从事数字信号与图像处理课程的教学过程中,为了提高学生们的学习主动性,本书编写组的老师们设计了一系列较为有趣且简明的案例,并将重要的算法过程以代码形式呈现,使抽象的理论转化成具体的实例。本书精选了其中 16 个有代表性且可操作性强的实验案例。编者们希望通过这本书,帮助读者加深对信号与图像处理理论知识的理解,做到学以致用,知行合一。

本书分成两大部分,第一部分记录了数字信号处理的 MATLAB 实践案例,主要涉及一维信号的处理与变换,案例多以音频信号为实践对象。第二部分为图像处理的 MATLAB 实践案例,其中处理的对象由一维信号升级成二维图像。

第一部分介绍了 7 个实验,涵盖了数字信号处理的多个关键内容,包括一维信号的生成与读取、数据的基本操作(如加、乘、截取、合并等)、快速傅里叶变换(FFT)和短时傅里叶变换(STFT)、离散时间系统与卷积运算、快速卷积与 CZT,以及简单滤波器和经典数字滤波器的设计与应用。

第二部分介绍了 9 个实验,包括图像类型与基本操作(读取、保存)、图像的运算(如加、减、乘、旋转、放缩、平移等)、图像的变换(包括傅里叶变换、

— 1 —

Radon变换等）、图像的增强与调整、图像的滤波、降采样与升采样、图像去噪、图像去模糊、图像压缩。

　　本书适合作为理工科本科生"数字信号处理"与"数字图像处理"课程的教材。本书讨论了一些信号处理的日常应用，也适合对信号处理领域有兴趣的读者阅读参考。希望本书能帮助大家领略数字信号与图像处理领域的魅力。

　　本书的编写得到了厦门大学电子科学系领导和老师们的指导和帮助，感谢方泽、陈博、李凯龙、赵茂江、叶欣滢、林靖杰对本书的审阅，也感谢厦门大学电子科学系的同学们在"数字信号处理实验""数字图像处理实验"等课程中对本书编写提出的诸多建议和帮助。

　　希望读者也能在使用本书的过程中留下自己的意见与建议，可以将建议通过电子邮件发送到 yuyang15@xmu.edu.cn，以便我们能够继续打磨这本书。

杨钰

2024 年 5 月

本书案例代码与附带文件

目　录
Contents

第一部分　数字信号处理实践

— 1 —

第二部分　图像处理实践

第一部分　数字信号处理实践

在这一部分中,我们介绍了 7 个实验,旨在将"数字信号处理"理论课上所学内容进行编程实践,以深化对信号处理原理和方法的理解和掌握。这些实验涵盖了数字信号处理的多个关键内容,包括:

1. 一维数字信号的生成与读取:通过编程实现几种基本的数字信号的生成,并学习如何从文件中读取数字信号数据。

2. 数据的基本操作:探索数字信号的基本操作,如加法、乘法、截取、合并等,以及对信号进行离散时间傅里叶变换。

3. 快速傅里叶变换(FFT)和短时傅里叶变换(STFT):学习使用 FFT 和 STFT 实现信号的频谱分析和时频特性的观察。

4. 离散时间系统与卷积计算:理解离散时间系统的概念,学习分析系统稳定性及其输入输出关系,体会卷积操作在数字信号处理中的重要性。

5. 快速卷积计算:学习如何使用快速分段算法进行卷积计算,提高长序列运算的效率。

6. 线性调频 z 变换(CZT):介绍 CZT 的应用,探索其在数字信号处理中的特殊功能和优势。

7. 简单滤波器的设计与应用:通过设计简单滤波器,学习滤波在数字信号处理中的基本原理和实际应用。

为了增强实验者对信号处理过程的直观感受,这些实验主要以音频信号为例,实验者可通过听觉感受信号处理的效果和变化。通过实际操作和观察,希望读者们能够更加深入地理解数字信号处理理论,并能够将理论知识应用于解决实际问题。

实验 1　MATLAB 基础

1.1　如何生成并展示一维信号

一维信号在 MATLAB 中一般存储于行向量或列向量中。下面首先展示几种基本的一维信号的生成及展示代码。

1.1.1　几种简单一维信号的生成

例 1.1　生成一维的全 0 向量。

```
1. N = 1e3;                    % 元素个数
2. x1 = zeros(1,N);           % 行向量 x1
3. x2 = zeros(N,1);           % 列向量 x2
```

例 1.2　生成一维的全 1 向量。

```
1. N = 1e3;                    % 元素个数
2. x1 = ones(1,N);            % 行向量 x1
3. x2 = ones(N,1);            % 列向量 x2
```

例 1.3　生成一个阶跃信号,以及其对应的时间坐标。

```
1. n = -10:10;
2. x1 = ones(1,length(n));    % 行向量 x1
3. ind = find(n < 0);
4. x1(ind) = 0;
```

例 1.4　生成一个单位冲激信号,以及其对应的时间坐标。

```
1. n = -10:10;
2. x2 = zeros(1,length(n));   % 行向量 x2
3. ind = find(n == 0);
4. x2(ind) = 1;
```

例 1.5　生成一个振荡信号,以及其对应的时间坐标。

```
1. n = -100:100;
2. w0 = 0.2*pi;               % 数字角频率
```

— 3 —

```
3. x = sin(w0*n);                    % 实数正弦信号
4.
5. x_complex = exp(1i*w0*n);         % 复指数信号,也可用 cos(w0*n)+1i*sin(w0*n)代替
```

请大家注意:生成一个离散的实数正弦振荡信号,可以用 sin 或者 cos 函数(如第 3 行代码)。如果需要生成复指数(复数振荡)信号,则可以用 exp 函数(如第 5 行代码)。

1.1.2　如何直观感受到生成的信号

画图:注意横坐标和纵坐标的安排。

```
1. %% 假设待画出的数据保存于向量 x 中
2. figure, subplot(211); plot(x);     % 连线
3. subplot(212); stem(x);             % 断点
4.
5. %% 假设待画出的数据保存于向量 x 中,对应的横坐标保存于向量 n 中
6. figure, subplot(211); plot(n, x);  % 连线
7. subplot(212); stem(n, x);          % 断点
```

另外,MATLAB 中提供了针对音频的函数,sound 与 soundsc 均可以播放声音。sound(x,Fs) 表示将数字信号 x 以采样频率为 F_s 的速度(或者说时间间隔为 $1/F_s$ 的速度)进行播放,默认 x 的最大值为 1,最小值为 -1。若 x 的范围超出了 $[-1,1]$,将被截波。soundsc(x,Fs)用法与 sound 相似,但更方便一些,能自动检测 x 的最大、最小值,对播放的音频进行相应的调整。

> 现在,请大家把例 1.1~例 1.5 生成的信号用 plot 或 stem 函数画出来,并用 sound 或 soundsc 播放例 1.5 生成的正弦信号(可自行设定采样频率)。

需要注意的是,若生成的是复指数信号(如例 1.5 中的 x_complex),在画图时需要将实部与虚部分别展示,比如:

```
figure, subplot(211); plot(n, real(x));    % 实部
subplot(212); plot(n, imag(x));            % 虚部
```

1.1.3　信号的采样

在下面的例子中仿真一下模拟信号在时间域离散(采样)的过程。模拟信号 $x_a(t)$ 在时域内连续,采样间隔时间为 $T_s = \dfrac{1}{F_s}$,采样到的数字信号与模拟信号的关系为:

$$x(n) = x_a(nT_s)$$

> **思　考**
>
> 例 1.5 中生成的数字信号,其数字频率如何与模拟频率(Hz)对应?
>
> 答:若不知道采样频率,则无法将数字频率与模拟频率对应,数字频率没有单位。

例 1.6　生成一个 200 Hz 的正弦波,持续时间 1 s。

```
1. f0 = 200;              % 模拟频率/ Hz
2. Fs = 1e3;              % 假设采样频率为 1000 Hz
3. t = 0:1/Fs:1;          % 时间(单位:s)从 0 s 开始,间隔时间为 1/Fs,终止时间为 1 s
4. x = sin(2*pi*f0*t);
```

例 1.6 中生成的 x 是数字信号、离散时间信号,是一个 200 Hz 的模拟正弦信号经采样后(采样频率 1000 Hz)得到的数字信号。x 对应的数字频率是:

$$\omega_0 = 2\pi f_0/F_s = 0.4\pi \text{ (其中 } f_0 \text{ 是以 Hz 为单位的模拟频率)}$$

┌───┐
│ **思 考**   │
│   │
│ 若要设置信号持续 2 s,如何改动代码?   │
│ 　答:将第 3 句代码改写为"t = 0:1/Fs:2;"。   │
└───┘

例 1.7　生成一个 800 Hz 的正弦波,采样频率仍旧设定为 1000 Hz。

```
1. f1 = 800;              % 模拟频率/ Hz
2. Fs = 1e3;              % 假设采样频率为 1000 Hz
3. t = 0:1/Fs:1;          % 时间(单位:s)从 0 s 开始,间隔时间为 1/Fs,终止时间为 1 s
4. x1 = sin(2*pi*f1*t);
```

请大家用 sound 函数听听例 1.6 生成的 x 与例 1.7 生成的 x_1,想一想为什么 x_1 的频率听起来并不比 x 高。(答案展示在本节实验最后)

1.2　如何从文件中读取数据

1.2.1　音频数据的读取

在 MATLAB 中,音频数据可以用 audioread 函数读取,该函数的基本用法为:

```
[y,Fs] = audioread(filename);
```

filename 为希望读取的音频文件(mp3、wav 等格式均兼容,详见 MATLAB 帮助文档),y 为返回的样本数据,F_s 为该数据的采样频率。

例 1.8　读取 wav 文件与 mp3 文件。

```
file = 'commbluetoothvoice_input'.wav;
[y1, Fs1] = audioread(file);
whos y1

file = 'speech_dft. mp3';
[y2, Fs2] = audioread(file);
whos y2
```

如果音频文件存成了 mat 格式,那么只需要用 load 函数读取即可:

```
load handel. mat

% 或者可以把 handel. mat 中的数据读入一个结构体中：
X = load('handel. mat');
```

handel. mat 即 MATLAB 自带的一个声音文件，可以用 which handel. mat 看看这个文件保存在哪个文件夹中，也可以看看这个文件夹中还有哪些音乐文件。

1.2.2　图像数据的读取

在 MATLAB 中读取图像数据可以用 imread 函数，通常的用法是：

A = imread(filename)：从 filename 指定的文件读取图像，并从文件内容推断出其格式。如果 filename 为多图像文件，则 imread 读取该文件中的第一个图像。

[A,map] = imread(___)：将 filename 中的索引图像读入 A，并将其关联的颜色图读入 map。图像文件中的颜色图值会自动重新调整到范围 [0,1] 内。

[A, map, transparency] = imread(___)：另外还返回图像透明度。此语法仅适用于 PNG、CUR 和 ICO 文件。对于 PNG 文件，如果存在 alpha 通道，transparency 会返回该 alpha 通道。对于 CUR 和 ICO 文件，它为 AND(不透明度)掩码。

例 1.9　读取图像文件(jpg,tif,png,bmp)。

```
file = 'trees. tif';
[I, map] = imread(file);
```

这一部分我们主要以一维信号举例，关于图像数据的处理将主要放在本书第二部分介绍。

1.3　数据的性质

在进行变量构建及各种运算操作时需要关注变量的三种属性：

(1) **维度数(number of axes)**：判断是标量、向量、矩阵或更高阶的张量(在 MATLAB 中并不是特别强调这个属性，但 Python 中对维度数有更严格的要求)。

(2) **维数或形状(shape)**：一个 3×1 的向量与一个 1×3 的向量是不同的，在矩阵计算时需要特别注意。

(3) **数据类型(data type)**：字符 char，浮点数 float，整型 uint8，逻辑型 logical，等等。

在 MATLAB 中，可以通过 whos 得到变量的属性，也可以在 MATLAB 的工作区(Workspace)中直接观察。另外，size 函数可用于查看特定变量的维数或形状。比如：

```
>>  x = randn(2,3);
>>  sx = size(x)

sx =

    2    3
```

由输出结果可以看到 sx ＝ [2,3]。可见,sx 的长度即为 x 的维度数,而 sx 中每一个元素代表着 x 中每一维度上的尺寸,即:x 总共有两个维度,在第一个维度上有 2 个元素,在第二个维度上有 3 个元素。运行:

```
lx = length(x)
ls = length(sx)
```

从输出结果可以看到 lx ＝ 3,ls ＝ 2。使用 length 函数得到的是变量中的最大维数,即:

```
length(x) = max(size(x))
```

运行:

```
lx = numel(x)
ls = numel(sx)
```

从输出结果可以看到 lx ＝ 6,ls ＝ 2。使用 numel 函数得到的是变量中的元素个数。

MATLAB 中有一些内置函数用于判断变量是否为某种特别的类型,比如 isfloat 用来判断变量是否为浮点数,ischar 用来判断变量是否为字符,isinteger 用来判断变量是否为整数,其他相关函数可参见 https://www.mathworks.com/help/matlab/data-type-identification.html。

 作　业

1. 生成一个包含 500 个元素的向量,元素值均为 0.5。画出这一向量。

2. 生成一个振荡频率为 100 Hz、采样频率为 8000 Hz、持续 2 s 的正弦信号,并播放该声音。

3. 请用 4000 Hz 作为采样频率播放该声音,讨论其效果有什么变化。其原因是什么?

4. $\sin(\omega_0 t)$、$0.5\sin(\omega_0 t)$、$1+\sin(\omega_0 t)$、$2\sin(\omega_0 t)$ 这四种信号听起来有什么不同? 想想为什么。比较一下 MATLAB 的 sound 或 soundsc 函数的声音播放效果。

5. 根据音高与频率的关系表,生成 do、re、mi、fa、so、la、si 这 7 个音,频率可参考表 1.1(来源:http://en.wikipedia.org/wiki/Scientific_pitch_notation):

表 1.1　音高与频率的关系表

音高	C_4(do)	D_4(re)	E_4(mi)	F_4(fa)	G_4(so)	A_4(la)	B_4(si)
频率/Hz	261.63	293.66	329.63	349.23	392	440	493.88

6. 参见例 1.9 代码,读取 yellowlily.jpg、shadow.tif 这两个文件,分别分析读取出的 I 与 map 的数据性质(维数、数据类型)。注:这两个文件是 MATLAB 的图像处理工具箱中自带的图片,若没有安装该工具箱,可以用其他的 jpg 及 tif 文件代替。

7. 参见例 1.8 代码,读取一个音频文件,观察生成的数据是什么类型,提取出其中 1000 个点并画图展示(若是双通道的文件,提取出其中的一个通道,再截取其中的 1000 个点。要注意音频开始端一般有一段静音,尽量避免取到这一静音段)。

附加题 （选做）

1. 使用 sound 或 soundsc 时,如果不输入第二个参数(F_s),会有怎样的结果?

2. 使用 sound 播放一个幅度越过 $[-1,1]$ 范围的信号时,会产生截波的现象,请问这时你听到的信号与 soundsc 播放的结果有什么差别? 或者说,你认为截波了的信号听起来具有什么特点?

> 问:例 1.7 中生成的 x1 对应的数字频率是什么?
>
> 答:$\omega_1 = 2\pi f_1/F_s = 1.6\pi$（其中 f_1 是以 Hz 为单位的模拟频率）,而
>
> $$\sin(1.6\pi n) = \sin(1.6\pi n - 2\pi n) = -\sin(0.4\pi n)$$
>
> 因此例 1.6 与例 1.7 生成信号的数字频率是相等的。
>
> 所以实际应用中需要注意,采样频率需要大于信号模拟频率的 2 倍,即需要满足奈奎斯特采样定理,否则获得的数字信号会产生频率混叠,即高频信号会折叠到低频区,变成一个等效的低频信号,就如同例 1.7 生成的数字信号。

实验 2　数据的基本操作

2.1　数据的基本运算

当对数据进行"处理"时,其实就是在对数据进行运算,而数据的运算需要涉及矩阵乘法、加法等,在这过程中一定要考虑维数,否则会产生错误的结果,或导致运算无法进行。

需要特别指出的是,MATLAB 中有两种"乘":一种是数据的"逐项乘"(element-wise product 或 Hadamard product),一种是普通的矩阵乘法(Python 中称为"dot product",数学上直接称作 matrix product 或者 matrix multiplication)。

Hadamard 乘积指当两个矩阵(或向量)维数完全相同时,对应位置元素分别相乘得到的结果。

例 2.1　矩阵或向量的 Hadamard 乘积。

```
A = 2*ones(1, 10);
B = randn(1, 10);
C = A. *B;
```

普通的矩阵乘法,如 $AB = C$,A 的维数为 $m \times n$ 时,B 的维数应该是 $n \times p$,m 与 p 可任意。

例 2.2　矩阵或向量的相乘。

```
1. A = 2*ones(1, 10);
2. B = randn(1, 10);
3. C = A*B;              % 看看报错结果,熟悉一下这句错误提示
4. C1 = A*B';            % 注意 C1 的维数
5. C2 = A'*B;            % 注意 C2 的维数
```

另外,常用的一些操作还有矩阵的截取、合并。比如:

例 2.3　矩阵的截取。

```
1. x = randn(2,100);     % 这是一个 2×100 维的矩阵
2. x1 = x(1,:);          % 取 x 的第 1 行
3. x2 = x(:,1);          % 取 x 的第 1 列
4. x3 = x(:, 2:50);      % 取 x 的第 2 列到第 50 列
```

— 9 —

例 2.4 矩阵的合并。

```
1. y1 = 0:5;                  % 这是一个 1 × 6 维的矩阵
2. y2 = randn(6,1);          % 这是一个 6 × 1 维的矩阵
3. y3 = [y1, y2];            % 看看报错结果,熟悉一下这句错误提示
4. y4 = [y1, y2'];          % 注意一下 y4 是怎么由 y1 与 y2 中的元素组成的
5. y5 = [y1', y2];          % 注意一下 y5 是怎么由 y1 与 y2 中的元素组成的
6. y6 = [y1', y2];          % 注意一下 y6 是怎么由 y1 与 y2 中的元素组成的
```

例 2.5 复数矩阵的转置、向量化。

```
1. x = randn(2,3)+1j*randn(2,3);
2. y1 = x';                  % 共轭转置
3. y2 = x. ';                % 转置
4. y3 = x(:);                % 向量化(列向量)
```

在运行例 2.5 代码时,请关注以下问题:

(1) x 与 y_1、y_2 之间有什么关系? 看看共轭转置与转置的区别。同时也想一下,若 x 是实数矩阵,那么 y_1 与 y_2 还有差别吗?

(2) 在第 4 行代码中生成的 y_3 是个列向量,请看看这个列向量是怎么由 x 中的元素组成的? MATLAB 中的向量化操作与 Python 中的向量化操作是不同的,所以每换一种编程环境,都要留意一下这些细节。

(3) 如果想把 x 变成行向量,要怎么做呢?

2.2 频谱分析——离散时间傅里叶变换 DTFT

2.2.1 频谱系数的生成

由于我们处理的是离散时间序列,因此需要用离散时间傅里叶变换(DTFT, discrete time Fourier transform):

$$X(e^{j\omega}) = \sum_{n=0}^{N-1} x(n)e^{-j\omega n} \tag{2.1}$$

如何利用公式(2.1)编写程序以实现一个数据的 DTFT?

例 2.6 DTFT 的逐点计算。

```
1. f0 = 100;                 % 模拟频率/ Hz
2. Fs = 1e3;                 % 假设采样频率为 1000 Hz
3. t = 0:1/Fs:1;            % 时间(单位:s)从 0 s 开始,间隔时间为 1/Fs,终止时间为 1 s
4. x = sin(2*pi*f0*t);      % 生成的离散正弦信号
5. N = length(x);           % 数据总长
6. n = 0:N-1;
7.
8. delta_omg = 0. 1*pi;     % 频率间隔
9. omg = -pi:delta_omg:pi;  % 频率向量(数字频率)
```

```
10. Xw = zeros(size(omg));              % 待生成的频谱
11. for k = 1:length(omg)
12. Xw(k) = sum(x. *exp(-1i*omg(k)*n));
13. end
14.
15. figure, plot(omg, abs(Xw), 'k', 'linewidth', 1)
16. xlabel('数字角频率 \omega')
```

上面是用循环生成频谱数据的过程。这段代码的问题在于,当待分析的离散时间序列很长(N 很大),或者是需要生成的频谱在频率轴上网格点太密(omg 长度太大)时,运行这段程序需要花费大量的时间,效率很低。MATLAB 的特点是循环操作速度很慢,而矩阵运算速度很快,因此将例 2.6 的代码中的循环(第 10~13 行)改成矩阵乘法形式:

```
Xw =  x*exp(- 1i*n(:)*omg(:)');        % 要保证 x 是行向量
```

则计算效率可大大提高。

2.2.2 频率轴的含义

上面例 2.6 中生成的频率轴代表的是数字频率,如何将其与模拟频率对应?回顾实验 1 的内容,数字频率 ω_0 与模拟频率 f_0 之间的关系可以表示为:

$$\omega_0 = 2\pi f_0 / F_s \tag{2.2}$$

或

$$f_0 = \omega_0 F_s / (2\pi) \tag{2.3}$$

根据这两个式子,只要知道采样频率 F_s 是多少,就可以将数字频率转换成模拟频率。重写例 2.6 代码,有:

例 2.7 DTFT 展示示例(横轴以 Hz 为单位)。

```
1.  f0 = 100;                    % 模拟频率/Hz
2.  Fs = 1e3;                    % 假设采样频率为 1000 Hz
3.  t = 0:1/Fs:1;               % 时间(单位:s)从 0 s 开始,间隔时间为 1/Fs,终止时间为 1 s
4.  x = sin(2*pi*f0*t);         % 生成的离散正弦信号
5.  N = length(x);              % 数据总长
6.  n = 0:N-1;
7.
8.  delta_omg = 0. 1*pi;        % 频率间隔
9.  omg = -pi:delta_omg:pi;     % 频率向量(数字频率)
10. f = omg*Fs/2/pi;            % 注意:将数字频率转换成模拟频率
11.
12. Xw = x*exp(-1i*n(:)*omg);
13. figure, plot(f, abs(Xw), 'k', 'linewidth', 1)
14. xlabel('模拟频率 (Hz)')
```

这样,从生成的图中便能直观地看出谱峰的位置对应的模拟频率是多少。如图 2.1 所示,可以打开红色圈标志处的 Data Cursor 工具,点击谱峰处,其 x 轴坐标值即对应着频率。本例中的实正弦信号频率为 ± 100 Hz。

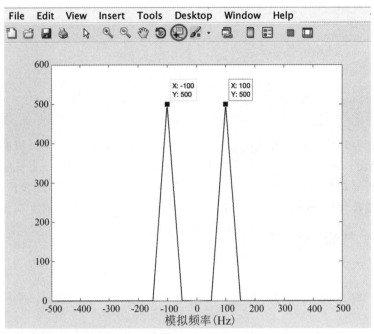

图 2.1　从频谱中读出信号频率

上面的例子是生成数字频率后，再将其转化为模拟频率；而如果想直接生成模拟频率，可以将第 8～10 行代码替换为：

```
f = -4000:1:4000;        % 观察-4000~4000 Hz 频率范围内的频谱（模拟频率向量）
omg = 2*pi*f/Fs;         % 数字频率向量
```

请大家试一试将 f0 改成其他频率值，看看生成的频谱如何变化。

2.3　DTFT 的性质

2.3.1　实数序列的频谱具有共轭对称性

若时域信号 $x(n)$ 是实数序列，则其频谱具有共轭对称性，这是"数字信号处理"课程都会提及的序列傅里叶变换的性质。

例 2.8　实数序列频谱的对称性。

```
1.  f1 = 100; f2 = 200; Fs = 1e3;
2.  t = 0:1/Fs:1;
3.  x = 1*sin(2*pi*f1*t)+0.5*sin(2*pi*f2*t);
4.
5.  delta_omg = 0.001*pi;        % 频率间隔
6.  omg = -pi:delta_omg:pi;      % 频率向量（数字频率）
7.  f = omg*Fs/2/pi;            % 将数字频率转换成模拟频率
8.
9.  n = 0:length(x)-1;
```

```
10. Xw = x*exp(- 1i*n(:)*omg);
11. figure, subplot(211); plot(f, real(Xw), 'k', 'linewidth', 1)
12. xlabel('模拟频率 (Hz)'); title('频谱的实部')
13. subplot(212); plot(f, imag(Xw), 'k', 'linewidth', 1)
14. xlabel('模拟频率 (Hz)'); title('频谱的虚部')
```

运行例 2.7 代码之后,请大家想一想,从例 2.7 生成的图中如何看出共轭对称性呢?

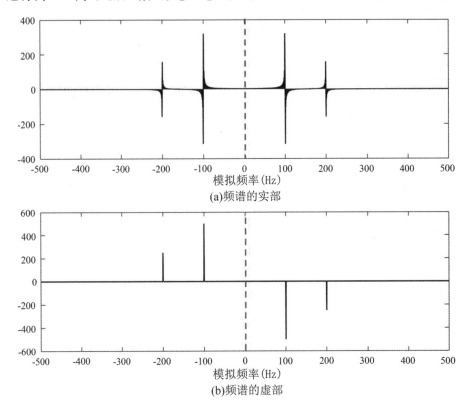

(a)频谱的实部

(b)频谱的虚部

图 2.2 频谱的实部与虚部

在图 2.2 中用虚线标出了对称轴 $f=0(\omega=0)$ 的位置。可以看到,频谱的实部根据轴 $f=0(\omega=0)$ 对称(偶对称),虚部根据轴 $f=0(\omega=0)$ 反对称(奇对称),即:

$$\mathrm{Re}[X(\mathrm{e}^{\mathrm{j}\omega})]=\mathrm{Re}[X(\mathrm{e}^{-\mathrm{j}\omega})],\mathrm{Im}[X(\mathrm{e}^{\mathrm{j}\omega})]=-\mathrm{Im}[X(\mathrm{e}^{-\mathrm{j}\omega})]$$

这便是共轭对称。请大家将 $X(\mathrm{n})$ 变成纯虚数序列,再看看生成的谱图。理论上该谱图具有反共轭对称性,比较一下其与图 2.2 有什么不同。

2.3.2 复数序列的性质

例 2.9 复数序列的频谱。

```
1. f1 = 100; f2 = 200; Fs = 1e3;
2. t = 0:1/Fs:1;
3. x = 1*exp(1i*2*pi*f1*t)+0.5*exp(1i*2*pi*f2*t);
```

```
4.
5.  delta_omg = 0. 001*pi;              % 频率间隔
6.  omg = -pi:delta_omg:pi;             % 频率向量(数字频率)
7.  f = omg*Fs/2/pi;                    % 将数字频率转换成模拟频率
8.
9.  n = 0:length(x)-1;
10. Xw = x*exp(-1i*n(:)*omg);
11. figure, subplot(211); plot(f, real(Xw), 'k', 'linewidth', 1)
12. xlabel('模拟频率 (Hz)'); title('频谱的实部')
13. subplot(212); plot(f, imag(Xw), 'k', 'linewidth', 1)
14. xlabel('模拟频率 (Hz)'); title('频谱的虚部')
```

请大家思考,例 2.9 与例 2.8 生成的图比较,有什么异同?

 作 业

1. 生成一个向量 x,代表着一小段音乐文件,至少包括 3 个不同的音符。

> **提 示**
>
> 要将三个信号 x_1、x_2、x_3 进行拼接,可以用 $[x1, x2, x3]$(需要保证 x_1、x_2、x_3 全是行向量),或者 $[x1; x2; x3]$(需要保证 x_1、x_2、x_3 全是列向量)。

2. 参考表 2.1 所示 DTMF(dual-tone multi-frequency)频率表,产生"7"键的拨号音(其他键也可以)。

表 2.1　DTMF 频率表

	1209 Hz	1336 Hz	1477 Hz	1633 Hz
697 Hz	1	2	3	A
770 Hz	4	5	6	B
852 Hz	7	8	9	C
941 Hz	*	0	#	D

> **提 示**
>
> 要得到复合了两个频率成分的信号,可以将两个正弦波信号 x_1 与 x_2 进行叠加(加法运算:$x_1 + x_2$,要保证 x_1 与 x_2 维数相同)。

3. 分析第 2 道题中你所产生的拨号音的频谱,注意频率轴的设置,看看谱峰的位置是否正确。

4. 读取附带的音频文件 piano. mp3,并存为变量 x,用 DTFT 分析 x 的频谱(注意:若是双通道的信号,则仅取其中一个通道进行分析)。找一个钢琴琴键与频率的对应表,分析这个音频对应的是按下哪个琴键的声音。表 2.2 即展示了钢琴主键对应的基频,C4 音符对应基频约为 261.63 Hz。

表 2.2　钢琴主键对应的基频

单位:Hz

Octave	1	2	3	4	5	6	7
C	32.70	65.41	130.81	261.63	523.25	1046.50	2093.01
D	36.71	73.42	146.83	293.66	587.33	1174.66	2349.32
E	41.20	82.41	164.81	329.63	659.26	1318.51	2637.02
F	43.65	87.31	174.61	349.23	698.46	1396.91	2793.83
G	49.00	98.00	196.00	392.00	783.99	1567.98	3135.96
A	55.00	110.00	220.00	440.00	880.00	1760.00	3520.00
B	61.74	123.47	246.94	493.88	987.77	1975.53	3951.07

5. 假设第 4 题的信号是 $x(n)$,将 $x(n)$ 变成 $(-1)^n x(n)$,生成新的变量 x_1,用 DTFT 分析 x_1 的频谱,并分析一下 x_1 的谱峰出现在什么位置。

提 示

```
x1= x.*(-1).^(0:length(x)-1);     % 如果 x 是行向量
x1= x.*(-1).^(0:length(x)-1)';    % 如果 x 是列向量
```

6. 用 sound 或 soundsc 听一下第 4 道题与第 5 道题的两个信号,看看有什么区别,并结合这两个信号的频谱,讨论一下为什么会有这样的现象。

7. 请比较例 2.7、例 2.8 的结果,分析这两个信号的频谱是否具有共轭对称性。分别画出其实部、虚部、幅度、相位。

 附加题

1. 如果你发现在作业 1 中生成的音乐不太生动,很可能是因为没有加入泛音。可以尝试着在基频成分上叠加适当的泛音,比如:"x0 = sin(w0 * t)"为基频成分,"x0_1 = a1 * sin(2 * w0 * t)"为第一泛音,"x0_2 = a2 * sin(3 * w0 * t)"为第二泛音,等等。其中 a_1 和 a_2 为你自行设定的小于 1 的数,代表各阶泛音的强弱,改变它们则将改变音色。

2. 若发现每个音符的终止过于突兀,可以尝试让音符以指数衰减的形式渐弱。比如:

```
x0_d = exp(-d*t).*x0;
```

这样每个音符就叠加上了一个指数衰减的包络,请画出未衰减的音频信号,与衰减后的音频信号进行对比。采用指数衰减包络,会产生类似打击乐的音效。你也可以自行设计其他衰减包络,以达到你想要的音频效果(比如若采用半正弦的包络,会有类似弦乐的音效)。

实验 3　快速傅里叶变换和短时傅里叶变换

实验 2 中学到了 DTFT,可以计算任何一个频点上的频谱系数。不过大家应该也在做题过程中发现了,频率间隔的选择会对频谱造成很大的影响。越小的频率间隔可以带来越精确的谱图,但同时会使计算量增大。怎样的频率间隔才是合适的呢? 如何用快速算法实现频谱分析? 在本次实验中我们就将解决这两个问题。

DFT(离散傅里叶变换)是 DTFT(离散时间傅里叶变换)的一个特例。把 DTFT 公式中的频率用固定间隔离散之后就有了 DFT。而 DFT 可以用快速算法实现,即 FFT (fast Fourier transform,快速傅里叶变换)。在 MATLAB 中对应的函数为 fft ,相应的反变换是 ifft。在使用 DFT 分析一个数据 $x(n)$ 的时候,一定要注意"物理分辨率"与"实际生成频谱的分辨率"两个概念。物理分辨率指的是分析 $x(n)$ 时所能达到的最高的频谱分辨率,由 $x(n)$ 的长度决定。比如 $x(n)$ 共有 N 个点,则其物理分辨率为:

$$\Delta_\omega = 2\pi/N \tag{3.1}$$

而实际生成频谱的分辨率是由离散频谱点数决定的,比如我们在分析时,在频谱中取了 N_f 个同等间隔的频点,那么实际生成频谱的分辨率(或频率间隔)就是:

$$\hat{\Delta}_\omega = 2\pi/N_f \tag{3.2}$$

一般情况下需要令 $\hat{\Delta}_\omega \leqslant \Delta_\omega$ 才能较好地解析出信号所含的谱成分(实验 2 中如果实际生成频谱的频谱间隔取得太大,就无法得到正确的频谱)。另外请注意上面这两个公式都是针对数字频率而言的,对于模拟频率大家要懂得换算。

这次实验我们要完成几个实际的信号分析任务,尝试 FFT 以及短时傅里叶变换 (STFT,short time Fourier transform)。其中,快速傅里叶变换用于处理平稳信号效果较好,它将一维时间信号变换成一维频域信号,利用了信号的全部时域信息,缺少时域定位功能。而短时傅里叶变换常用来处理频率随时间变化的信号,它将一维的时间信号变换成了二维的时间-频率信号。其具体做法是将原时域信号截成了很多段,对每一段进行傅里叶变换,因此可以得到频率随时间变化的信息。

 本实验相关的 MATLAB 函数: fft、chirp、stft 、spectrogram

3.1　FFT 及其应用

从实验 2 可以感受到,在数据量比较大的情况下,直接用 DTFT 公式进行计算会占用大量的存储空间,运行速度也常常很慢。所以在实际应用中,一般用 FFT 来进行频谱分析。FFT 算法是对 DFT 的高效实现,且不会占用过多的存储空间。粗略估计,如果一个序列长度是 N 点(设 N 是 2 的整数次幂),要计算其在频域内 N 点的频谱系数,如果直接使用 DFT 需要 N^2 次复数乘法,但使用 FFT 只需要 $\dfrac{N}{2}\log_2 N$ 次复数乘法。

3.1.1　FFT 用于频率分析

例 3.1　使用 FFT 分析实正弦信号(频率点数＝时域点数)。

```
1. f1 = 100; f2 = 200; Fs = 1e3;
2. t_end = 0. 5;
3. t = 0:1/Fs:t_end;
4. x = 1*cos(2*pi*f1*t)+0. 5*cos(2*pi*f2*t);
5.
6. Xw = fft(x);
7. figure, plot(abs(Xw)); title('绝对值谱')            % 横轴无定义
8. set(gcf, 'Position', [400 400 400 200]);
```

图 3.1 中画出的谱并没有定义横轴,因此得到的谱无法进行谱峰定位(比如我们并不知道谱峰的位置对应多少赫兹),可以用以下代码加入横轴定义:

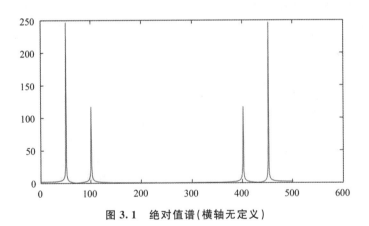

图 3.1　绝对值谱(横轴无定义)

```
1. N = length(Xw);
2. omg = (0:1/N :1-1/N)*2*pi;
3. f = omg/2/pi*Fs;
4. figure, plot(f, abs(Xw)); title('绝对值谱')
5. xlabel('Hz')                    % 横轴以 Hz 为单位,两端为低频,中间为高频
6. set(gcf, 'Position', [400 400 400 200]);
```

分析上面产生的频谱(图 3.2)可以发现,FFT 产生的结果对应的频率是 $[0, F_s]$,

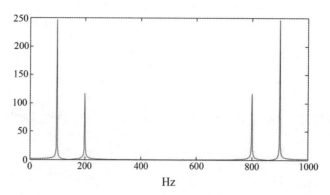

图 3.2　绝对值谱(横轴有定义)

而我们更习惯于 $\left[-\dfrac{F_s}{2},\dfrac{F_s}{2}\right]$，可以用 fftshift 函数完成对 FFT 结果的翻译，以使其对应于 $\left[-\dfrac{F_s}{2},\dfrac{F_s}{2}\right]$。

```
1. Xw = fftshift(Xw);
2. N = length(Xw);
3. omg = (-1/2:1/N :1/2-1/N)*2*pi;
4. f = omg/2/pi*Fs;
5. figure, plot(f, abs(Xw)); title('绝对值谱')
6. xlabel('Hz')                    % 横轴以 Hz 为单位,两端为高频,中间为低频
7. set(gcf, 'Position', [400 400 400 200]);
```

这样得到的频谱,高频对应于两端,低频对应于中间,比较好区分。从图 3.3 中可以看到 4 个谱峰。要注意,例 3.1 中的实数信号有 2 个成分(100 Hz 与 200 Hz),对应的谱峰为 ± 100 Hz 与 ± 200 Hz,因为 $\cos \omega_0 n = 0.5(e^{j\omega_0 n} + e^{-j\omega_0 n})$。

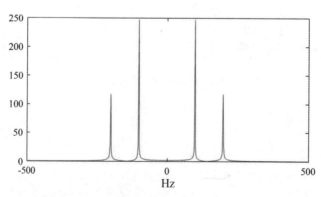

图 3.3　绝对值谱(用 fftshift 函数翻译后)

上面的例子其实并没有发挥 FFT 的快速算法的性能,FFT 要发挥作用,需要对时间序列 x 补零直到序列的点数为 2 的整数次幂。在 MATLAB 中只需要设置 FFT 计算的

频域点数,补零操作将自动由 FFT 完成。

例 3.2　使用 FFT 分析实正弦信号(频率点数 $\neq$ 时域点数)。

```
1. f1 = 100; f2 =200; Fs =1e3;
2. t_end = 0. 5;
3. t = 0:1/Fs:t_end;
4. x = 1*cos(2*pi*f1*t)+0. 5*cos(2*pi*f2*t);
5. N = length(x);          % 时域点数
6.
7. Nf = 2^nextpow2(N);     % 频域点数
8. Xw = fft(x, Nf);
9. Xw = fftshift(Xw);
10.
11. omg = (-1/2:1/Nf :1/2-1/Nf)*2*pi;
12. f = omg/2/pi*Fs;
13. figure, plot(f, abs(Xw)); title('绝对值谱')
14. xlabel('Hz')
```

请大家运行程序看一下 N 与 N_f 的关系,可以设置不同的 N,看看产生的 N_f 有什么规律。

3.1.2　FFT 存在的问题

FFT 主要用于分析平稳且具有周期性规律的信号,也即频率等参数不随时间变化的信号。如果待处理的信号是非平稳的,比如频率随时间变化,用 FFT 分析得到的是整体的效果,无法分析频率是如何随时间变化的。下面我们来尝试看看:

首先,用 chirp 函数生成一个频率随时间变化的信号。这一函数的基本使用方法是:

```
y = chirp(t,f0,t1,f1);
```

产生的信号 y 在初始时刻 0 的瞬时频率是 f_0,在时刻 t_1 的瞬时频率是 f_1,默认频率随时间的变化是线性的。

例 3.3　产生一个 chirp 信号,听听效果。

```
fs = 1000;
t = 0:1/fs:3;
x = chirp(t,100,1,200);
soundsc(x, fs)
```

例 3.3 产生的信号在 0 时刻为 100 Hz,在 1 s 时为 200 Hz,即每秒频率增加 100 Hz,该信号持续 3 s,因此根据线性变化的规律,到了第 3 秒时瞬时频率为 400 Hz。请参考 MATLAB 中关于 chirp 的帮助文档学习函数更高级的应用,比如生成时间-频率曲线非线性变化的信号。

例 3.4 用 FFT 分析例 3.3 产生的 chirp 信号。

```
1. N = length(x);
2. Nf = 2^nextpow2(N);                    % 也可设为其他数值
3. Xw = fftshift(fft(x, Nf));
4.
5. omg = (-1/2:1/Nf :1/2-1/Nf)*2*pi;
6. f = omg/2/pi*fs;
7. figure, plot(f, abs(Xw)); title('绝对值谱')
8. xlabel('Hz')
9. set(gcf, 'Position', [400 400 500 300]);
```

从图 3.4 看到，整体频率分布在一个很宽的范围（100～400 Hz）。从这幅图中只能看出该信号在 t 所代表的时间内整体的频率范围，而看不出其瞬时频率。

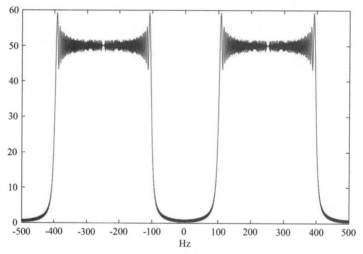

图 3.4　chirp 信号的绝对值谱

3.2　STFT 及其应用

大多数信号都是非平稳的，比如语音信号，所谓非平稳，即频率等特征随时间变化。为了对非平稳信号进行分析，我们假设它在"短时间"范围内是稳态的，即频率参数不随时间变化。以语音信号为例，一般会假设在 10～30 ms 范围内的信号是平稳的。这样，我们便可以把整体信号分成一段一段的稳态信号进行分析，这种分析便称为短时分析，而每一段信号被称为一帧。

短时傅里叶变换是短时分析的一种，它包含对信号进行分帧，以及对每一帧的信号进行傅里叶变换这两个步骤。在对每一帧信号进行傅里叶变换的时候，为了克服截断效应、使谱图平滑，常常会加入窗函数。而这样生成的谱图数据是二维矩阵，两个维度分别对应着时间与频率，称为声谱图（spectrogram）。

3.2.1　仿真信号分析

在 MATLAB 中,声谱图可以通过 spectrogram 或者 stft 获得。其中,spectrogram 的典型用法是:

```
s = spectrogram(x,window,noverlap,nfft,fs)
```

其中 x 是输入的时序信号,window 代表窗函数的序列或者窗的长度,noverlap 是每帧间的重叠点数,nfft 是每帧信号变换至频域的点数(可以与窗长度不一致),fs 是采样频率。其他的用法请查阅 MATLAB 的帮助文档。

例 3.3 生成的 chirp 信号 x 可以用 spectrogram 进行短时傅里叶分析。

例 3.5　spectrogram 分析 chirp 信号。

```
figure, spectrogram(x,128,120,128,fs,'yaxis')
% 窗口长度 128(即截取的每段时域信号长度为 128 点)
% 重叠点数 120(即相邻段截取的数据信号重叠 120 点)
% 傅里叶变换点 128(即每段信号转换成 128 点的频谱)
% 采样频率为 fs
% y 轴对应于频率(x 轴对应于时间)
title('Chirp')
```

图 3.5 所示声谱图有两个轴,分别代表着时间与频率。该图中黄色标志着谱峰位置,也代表着信号的瞬时频率估计值,可以看出,在 0 s 时信号约 100 Hz,在 1 s 时约 200 Hz,瞬时频率随时间线性增大。若将窗长度增大,则频率轴上的选择性会更好。

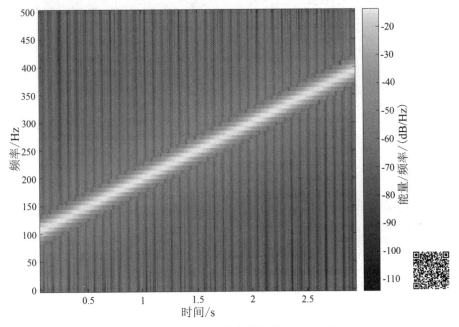

图 3.5　chirp 信号的声谱图(spectrogram)

在 R2019a 版本及以上,也可以使用函数 stft 进行短时傅里叶变换。比如:

```
figure, stft(x,fs,'Window',kaiser(256,5),'OverlapLength',220,'FFTLength',512);
```

3.2.2 实例:乐音分析

例 3.6 乐音分析实例 1。

```
1.  clear all; close all;
2.  file_path = 'piano. mp3';
3.  [x,fs] = audioread(file_path);
4.
5.  soundsc(x,fs)
6.
7.  N = length(x(:,1));
8.  n_block = 2000;
9.  Nf_block = 2^nextpow2(n_block);
10. noverlap = ceil(n_block/5*4);
11. t = 0:1/fs:(N-1)/fs;
12.
13. figure, subplot(211); spectrogram(x(:,1),n_block, noverlap, Nf_block, fs,'yaxis');
14. subplot(212); plot(t, x); axis([0 max(t) min(x(:)) max(x(:))]); xlabel('Time (s)');
```

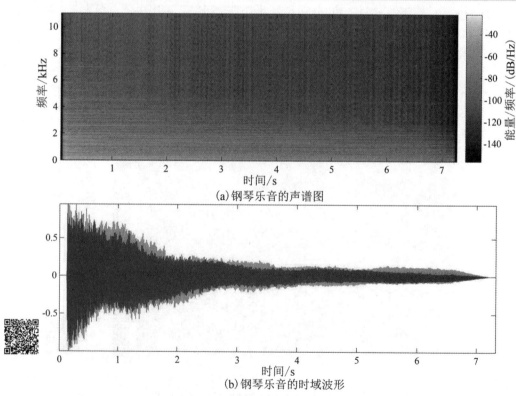

(a)钢琴乐音的声谱图

(b)钢琴乐音的时域波形

图 3.6　钢琴乐音的声谱图与时域波形

在图 3.6(a)所示声谱图中,黄色代表的高幅值即对应着谱峰位置,可以看出这个信号包含着一系列的谐波成分。在声谱图中也可以看出时域波形是随时间衰减的,若我们将声谱图的低频区(0～500 Hz)放大:

```
figure, spectrogram(x(:,1),n_block, noverlap, Nf_block, fs,'yaxis');
ylim([0, 0. 5])
```

可以看到这段乐音的基频大致上出现在 65 Hz 处,接近于钢琴的音符 C_2。而在与基频成整数倍的地方还有一系列的谐波成分,即泛音。当用钢琴或小提琴等不同乐器弹奏同一个音符时,这些音频信号的基频相同,但会产生不同的泛音列,通过乐器泛音的幅度可以让我们区分出不同音色。一般而言,基频的幅度是最强、最易被人耳察觉的,会超过泛音,而泛音的幅度往往随着其频率的增加而下降,但也有例外。比如钢琴的低音区常会出现基频幅度小于泛音的现象,在图 3.7 示例中,第一泛音(约 129 Hz)的幅度甚至超过了基频。

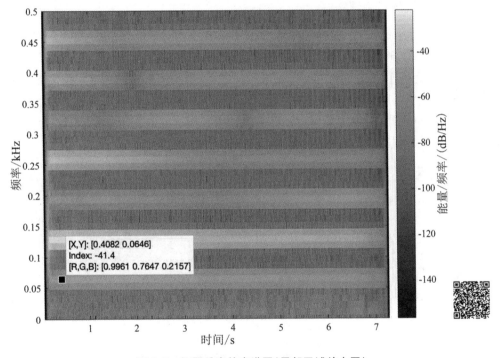

图 3.7　钢琴乐音的声谱图(局部区域放大图)

除了各种泛音的强度外,这些谐波(包括基频与泛音)随时间变化的趋势中也包含着很多其他信息。比如钢琴产生的音都有个爆发式的音头,包含丰富的泛音,随后立刻进入衰减。而小提琴等弦乐在运弓时会得到能量,音量可以维持不变甚至增加。因此,在模拟不同乐音时,可以加入不同的包络,若希望模拟钢琴音可以加入类似随时间指数衰减的包络,而模拟小提琴时可以加入半正弦包络。

例 3.7　乐音分析实例 2。

```
1. clear all; close all;
2. file_path = 'horn. wav';
```

```
3.  [x,fs] = audioread(file_path);

4.

5.  soundsc(x,fs)

6.

7.  N = length(x(:,1));

8.  n_block = ceil(10e- 3* fs);

9.  Nf_block = 2^nextpow2(n_block);

10. noverlap = ceil(n_block/5*4);

11. t = 0:1/fs:(N-1)/fs;

12.

13. figure, subplot(211); spectrogram(x(:,1),n_block, noverlap, Nf_block, fs,'yaxis');

14. subplot(212); plot(t, x); axis([0 max(t) min(x(:)) max(x(:))]);

15. xlabel('Time (s)');
```

从图 3.8 显示的时域波形可以看到：音频幅度非零的时段,对应于声谱图可以出每个时段内信号的谐波组成。在例 3.7 代码中,"n_block = ceil(10e-3* fs);"这句是将每帧信号的长度设置为约 10 ms。我们知道,时域信号越长,则频域分辨率越高。如果希望将频域分辨率提高,则可以把 n_block 参数设置得更大一些。比如:在某种设置条件下可以得到如图 3.9 所示声谱图,从中可以看到三个不同时段的声音频率约为 463 Hz、463 Hz 与 625 Hz,请大家对应所听到的声音,感受一下声谱图呈现的结果是否合理。

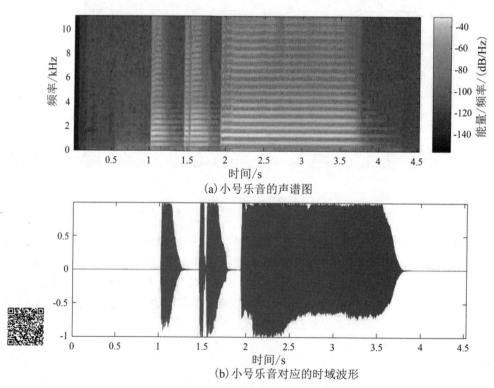

(a)小号乐音的声谱图

(b)小号乐音对应的时域波形

图 3.8 小号乐音的声谱图及对应的时域波形

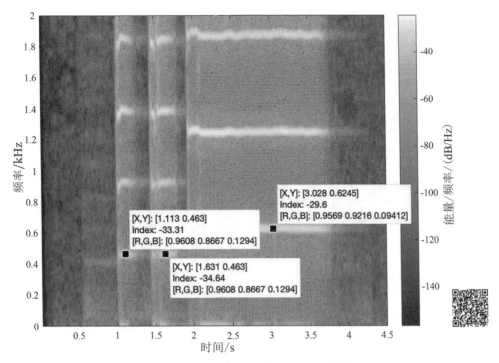

图 3.9　小号乐音的声谱图（局部放大）

提　示

注意：时域采样点数与频谱分辨率的关系，时域采样间隔与频谱宽度的关系。

 作　业

1. 在例 3.2 中，其他参数不变，令 t_end 分别为 0.5 s 与 2 s，展示这两个信号的频谱，描述它们的不同。

2. 在例 3.2 中，其他参数不变，令 F_s 分别为 1000 Hz 与 2000 Hz，展示这两个信号的频谱，描述它们的不同。

3. 在例 3.2 中，第 7 行代码若改为 $N_f = 2048$，展示一下频谱，描述该频谱与之前例 3.2 产生频谱有何不同。

4. 读取附带的音频文件 piano.mp3，并将其存为变量 x（若是双通道信号，则取一个通道进行分析即可），用 FFT 分析 x 的频谱。

5. 对音频数据末端补零，用 FFT 分析新数据的频谱，描述数据末端补零对生成频谱的影响。

> **提 示**
>
> 事实上,在采用 fft(x, Nf) 这样的代码时,如果 $N_f >$ length(x),就等同于在序列 x 末端补零后再进行 fft 的操作。

6. 在音频数据中每两个点间插一个 0,得到新序列 x1,用 sound 听一下 x 与 x1,看看有什么区别。并结合 FFT 的特性,以及 x 与 x1 的频谱,讨论一下为什么。

> **提 示**
>
> 这一例子与以下理论课习题相关。
>
> 已知 $x(n)$ 有傅里叶变换 $X(e^{j\omega})$,用 $X(e^{j\omega})$ 表示下列信号的傅里叶变换:
>
> $$y(n) = \begin{cases} x\left(\dfrac{n}{2}\right), & n \text{ 为偶数} \\ 0, & n \text{ 为奇数} \end{cases}$$
>
> 对该习题简单推导如下:
>
> $$Y(e^{j\omega}) = \sum_n y(n)e^{-j\omega n} \overset{n=2m}{=} \sum_m y(2m)e^{-j2\omega m} = \sum_m x(m)e^{-j2\omega m} = X(e^{j2\omega})$$
>
> 因此新序列 $y(n)$ 的频谱应该是将原序列 $x(n)$ 的频谱缩放了 2 倍的结果。比如原始信号中有个频率为 100 Hz 的成分,经过时域内的插值补零后,便会成为 50 Hz 的信号。

7. 用 stft 或 spectrogram 分析 horn. wav,请放大特定区域,以清楚呈现出频率随时间的变化情况,与大家讨论你得到的时频图谱的含义。

8. 总结一下关于谱宽、谱分辨率的知识点,并结合本次实验内容进行讨论。

 附加题 (选做)

1. 分析一下 number1. wav 文件,这个文件中记录着一串用拨号音编码的数字,你能猜出它代表的密码是多少吗? 注意调整频谱的分辨率,否则会读取不正确。

2. 结合这次实验的内容,设计一个"检测××唱歌是否走音"的小程序,说明设计思路即可。

实验 4　离散时间系统与卷积运算

 本实验相关的 MATLAB 函数：zplane、impz、freqz、filter、conv

离散时间系统可以采用差分方程或者以信号流图的方式描述,而我们要分析一个线性时不变系统的性能,可以采用频率响应。这次的实验中,我们要看看如何由差分方程获得频率响应,以及如何获得在一个给定的输入下某个差分方程表示的系统对应的输出。

4.1　离散系统的分析

以一个特定的线性时不变系统的分析为例,描述该系统的差分方程为:
$$y(n)-3.18x(n-2)+0.48x(n-4)=x(n)+0.8y(n-2) \tag{4.1}$$
而我们想要研究以下问题:

(1)画出零极点示意图,并确定系统的稳定性。

(2)在 $0 \leqslant n \leqslant 100$ 时求解系统的脉冲响应。

(3)求该系统的频率响应 $H(e^{j\omega})$。

解题过程:

(1)要分析系统的频率响应,可以首先从差分方程导出系统函数(z 变换)。即将式(4.1)进行 z 变换:
$$Y(z)-3.18z^{-2}X(z)+0.48z^{-4}X(z)=X(z)+0.8z^{-2}Y(z) \tag{4.2}$$
整理得到:
$$H(z)=\frac{Y(z)}{X(z)}=\frac{1+3.18z^{-2}-0.48z^{-4}}{1-0.8z^{-2}} \tag{4.3}$$
可见,这个系统是一个 4 阶系统,分子是 4 阶多项式,分母是 2 阶多项式。而分析其零极点可以用 roots 去计算分子、分母多项式的零点,或者由 zplane 函数自动计算生成,如下:

例 4.1　分析离散系统的零极点。

```
1. b = [1, 0, 3.18, 0, -0.48];
2. a = [1, 0, -0.8];
3. figure, zplane(b,a)
```

在第 1 行代码中列出的是分子多项式的系数,由于不存在 z^{-1} 与 z^{-3} 两项,故这两项系数为 0。第 2 行代码列出分母多项式的系数,同样,z^{-1} 这项前系数为 0。得到的零极点分布图如图 4.1 所示。4 阶分子多项式对应着 4 个零点,2 阶分母多项式则对应着 2 个极点。另外,由于分子多项式比分母多项式阶数高 2 阶,因此在 $z=0$ 处存在着 2 重极点。从零极点图(图 4.1)中可看出,所有的极点都在单位圆内,故系统稳定。(要注意,在连续时间系统中,判断系统的稳定性是根据"所有极点都在左半平面"这个条件。)

另外,在 $z=\pm 1$(对应于 $\omega=0,\pi$)附近有极点、无零点,因此可以大致推断出这个系统具有类似带阻滤波器的特性。在直流区、高频区频率响应幅度较高,中频区频率响应幅度低。

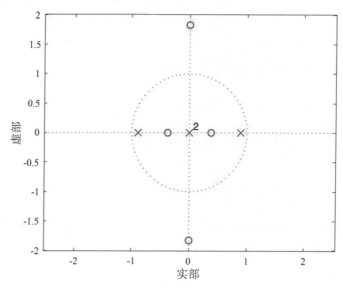

图 4.1　系统的零极点分布图

(2)求离散时间系统的冲激响应可以使用 impz 函数(求连续时间系统的冲激响应可以使用 impulse 函数)。

例 4.2　求离散时间系统的冲激响应。

```
1. [h,n] = impz(b, a);           %  自动选择时间 t
2. N = 101; Fs = 1;
3. [h1,t1] = impz(b, a, N, Fs);  %  生成时间 t1 为 0:1/Fs:(N-1)/Fs
4.
5. figure, stem(n, h);
6. hold on; stem(t1, h1, 'r*');
```

上面例子中采用两种方式生成冲激响应,第 1 行代码中仅给定系统分子多项式、分母多项式的系数,让 impz 函数自动生成时间轴 n 及其对应的冲激响应 $h(n)$。第 3 行代码中还给定采样频率 F_s 与采样点数 N,impz 函数将生成时间轴 $t_1=0:1/F_s:(N-1)/F_s$,以及对应于这个时间轴的冲激响应 $h_1(t_1)$,当 $F_s=1$ 时,时间轴 t_1 与 n 重合了,因此两幅图像基本重合。大家可以调整 N 与 F_s,比较一下结果。

从图 4.2 中可以看出,随着时间增大,冲激响应幅度逐渐趋于 0。如果要判断系统的稳定性,可以通过"冲激响应绝对可和"这个条件,即判断是否满足:

$$\sum_{n=-\infty}^{\infty}|h(n)|<\infty$$

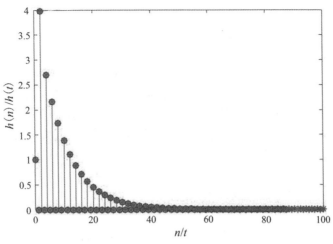

图 4.2　系统的冲激响应

```
%%示例代码:判断冲激响应的绝对可和性
N = 10:500;
sum_h1 = zeros(size(N));
for k = 1:length(N)
    sum_h1(k) = sum(abs(impz(b, a, N(k)+1)));
end
figure, plot(N, sum_h1,'k','linewidth',1. 5)
xlabel('N');
ylabel('\ Sigma_{n=0}^{N}h(n)| ');
```

在上面这段代码中,我们画出冲激响应点数逐渐增加时序列的绝对值和,得到的图像如图 4.3 所示,可以看到,当序列总长增加的时候,$\sum_{n=0}^{N}|h(n)|$ 将先增加,后稳定在一个固定值,不会趋于无穷,因此这个系统是稳定的。

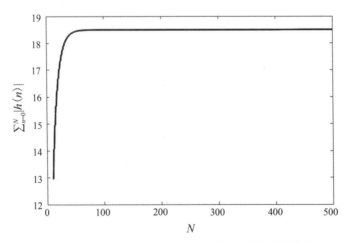

图 4.3　系统冲激响应的绝对值之和随响应长度的变化

（3）为了了解离散系统会对输入信号的频率成分带来什么样的影响,可以进行 $H(z)$ 的频谱分析,也即计算它的频率响应。分析系统的频率响应可以直接调用 freqz 函数,该函数的简单说明如下:

（1）freqz(___):在没有定义输出的情况下,将在默认设置下画出系统的频率响应。

（2）[h,w] = freqz(b,a,n):返回 n 点的系统频率响应向量 **h**,以及对应的数字角频率向量 **w**,输入的 **b** 与 **a** 分别是离散系统的分子多项式、分母多项式系数组成的向量。

（3）[h,f] = freqz(___,n,Fs):返回 n 点的系统频率响应向量 **h**,以及对应的模拟频率向量 **f**(以 Hz 为单位)。函数要输入采样频率 F_s。

请查阅 freqz 的帮助文档以得到更详细的资料和示例。

例 4.3 用 freqz 分析系统的频率响应。

示例代码如下:

```
1. Nf = 1e3;
2. [H, w] = freqz(b, a, Nf);
3. %
4. figure, subplot(211); plot(w/pi, abs(H),'k','linewidth',1);        % 纵轴为线性坐标
5. xlabel('\ omega/\ pi');
6. ylabel('| H(e^{j\ omega})| ')
7. %
8. subplot(212); semilogy(w/pi, abs(H),'k','linewidth',1);        % 纵轴为对数坐标
9. xlabel('\ omega/\ pi');
10. ylabel('| H(e^{j\ omega})| ')
```

在这个例子中,采用了两种方式(线性坐标、对数坐标)画出频率响应的幅度(或者称为幅频响应)。在实际应用时,有时会采用对数坐标显示,是为了更清晰地看出低幅值区域的变化趋势。得到的频率响应如图 4.4 所示。

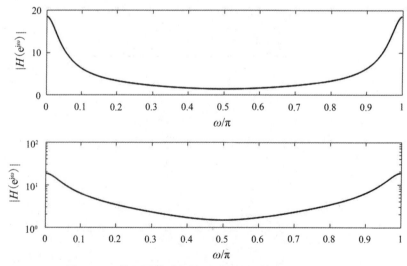

图 4.4 系统频率响应幅值(幅频响应)的两种显示方式

从上面例子中得到了 $H(z)$ 的频率响应,可以看出低频、高频成分得到增强,中频成分得到抑制(注意,$\omega=0$ 对应低频端,$\omega=\pi$ 对应高频端),因此,这是一个带阻滤波器。

另外也可以由公式来求频率响应:

$$H(\mathrm{e}^{\mathrm{j}\omega})=H(z)\big|_{z=\mathrm{e}^{\mathrm{j}\omega}} \tag{4.4}$$

例 4.4　直接用公式计算系统的频率响应。

```
omg = 0:0. 01:2*pi;               %  计算[0, 2π](一个周期)内的频率响应
z = exp(1i*omg);
den = 0;
for k = 1:length(b)
    den = den+ b(k)*z ^(k-1);
end

num= 0;
for k = 1:length(a)
    num = num+a(k)*z ^(k-1);
end

Hw = den. /num;
%
figure, semilogy(w/pi, abs(H),'k','linewidth',1);    %  纵轴为对数坐标
hold on; semilogy(omg/pi, abs(Hw),'r:','linewidth',1)
xlabel('\ omega/\ pi');
ylabel('| H(e^{j\ omega})| ')
```

在图 4.5 中,实线为前面用 freqz 函数画出的幅频响应,虚线是根据式(4.4)计算得到的一个完整周期内的幅频响应曲线。比较一下可以发现,freqz 函数在默认情况下画出的幅频响应只是半个周期内的结果。这是因为对于实系数系统(即分子多项式、分母多项式的系数均为实数)而言,其频率响应具有对称性,在$[0,\pi]$范围内的幅频响应与$[\pi,2\pi]$或$[-\pi,0]$是对称的,即:

$$\left| H(\mathrm{e}^{\mathrm{j}\omega}) \right| = \left| H(\mathrm{e}^{\mathrm{j}(2\pi-\omega)}) \right| = \left| H(\mathrm{e}^{-\mathrm{j}\omega}) \right|$$

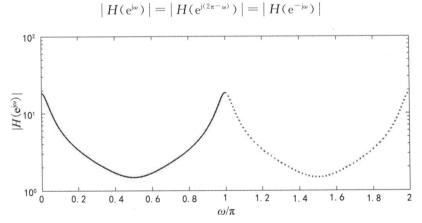

图 4.5　系统频率响应幅值(幅频响应)的两种计算方式

因此在展示实系数系统的幅频响应时,往往只需要展示一个周期$[0,2\pi]$的一半即可。但如果希望用 freqz 计算出一个完整的周期频谱,只需在调用时加入"whole"即可,比如:

```
[H, w] = freqz(b, a, Nf, 'whole');
```

4.2　卷积运算——计算离散系统的输出信号

卷积是信号处理中最重要的运算之一。如果一个系统具有有限冲激响应(FIR,finite impulse response),要计算在给定输入的情况下系统产生的输出,就可以用输入的时域信号卷积上系统的冲激响应实现。这次实验包括线卷积、圆周卷积以及在频域中计算卷积。

4.2.1　使用 filter 函数求系统的输出

输入信号 $x(n)$ 通过系统 $H(z)$ 而产生一个输出 $y(n)$,这个过程就是我们常说的"滤波",或者"线卷积"。比如:在由式(4.1)所定义的系统中,若输入为 $x(n)=[5+3\cos(0.2\pi n)+4\sin(0.6\pi n)]u(n),0\leqslant n\leqslant 200$,输出 $y(n)$ 是多少? 在 MATLAB 中可以使用filter 函数求解。

例 4.5　使用 filter 求离散时间系统在特定输入下的输出信号(代码中所用的 b、a、h 由例 4.1~例 4.2 产生)。

```
1.  n = 0:200;
2.  x = 5+3*cos(0. 2*pi*n)+4*sin(0. 6*pi*n);
3.  y = filter(b,a,x);              % 计算系统在输入 x 时的响应
4.
5.  figure, subplot(211), plot(n,x);
6.  subplot(212), plot(n,y);
7.  %% 频谱展示
8.  N = length(x);
9.  Nf = 2^nextpow2(N)*2;
10. ff = 0:1/Nf:1-1/Nf;
11.
12. figure, subplot(211); plot(ff, abs(fft(x,Nf)),'k','linewidth',1);
13. xlabel('\ omega/2\ pi')
14. legend('输入信号频谱'); legend('boxoff')
15. subplot(212); plot(ff,abs(fft(y,Nf)),'k','linewidth',1);
16. legend('输出信号频谱');legend('boxoff')
17. xlabel('\ omega/2\ pi')
```

这个输入信号中含有三个成分:频率为 0 的直流成分、数字频率为 0.2π 的实数余弦振荡、数字频率为 0.6π 的实数正弦振荡。你能在图 4.6 展示出的输入信号频谱中读出这个信息吗?

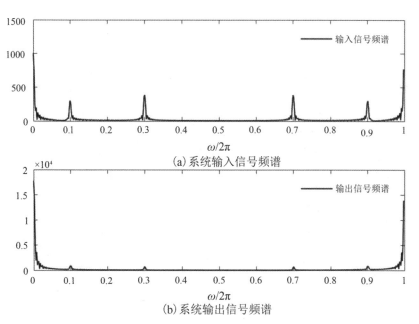

（a）系统输入信号频谱

（b）系统输出信号频谱

图4.6　系统输入信号与输出信号频谱

在经过离散时间系统 $H(z)$ 后，输出信号的频谱发生了变化，直流成分明显得到了增强，而中频区信号（如 0.6π）受到了抑制。也就是说，$H(z)$ 对输入信号进行了"处理"或"滤波"。

> **提　示**
>
> 为了看清楚小信号成分，可以把 plot（横轴、纵轴均为线性坐标）改为 semilogy（纵轴为对数坐标）。

例4.5中第3行代码在filter函数中，输入系统的分子多项式、分母多项式的系数，以及输入信号 x。需要注意的是，在这种情况filter输出的结果 y 的长度是与输入 x 相等的，所以相当于在完整的线卷积结果中截取了一段［回顾一下线卷积，一个 N 点的序列 $x(n)$ 与一个 M 点的序列 $h(n)$ 进行线卷积，所得的结果应该有 $N+M-1$ 点］。所以，如果需要更完整的线卷积结果，可以将 x 后端补零之后再输入 filter 函数，比如：

```
y= filter(b,a,[x(:); zeros(50,1)]);
```

具体的补零点数，要根据滤波器（系统）的冲激响应长度而定，如果是 M 点的有限冲激响应系统，可以补 $M-1$ 个 0；如果是稳定的无限冲激响应（IIR，infinite impulse response）系统，则 M 可以定义为 $h(n)$ 近似于 0 时的点数，即取满足 "$h(n)\approx0$，当 $n\geqslant M$ 时" 条件的 M。

4.2.2　线卷积

还有一种对输出的计算方式，即将系统的冲激响应 h 与输入序列 x 进行线卷积以产生输出,但这种方式下要确保 h 序列衰减至 0,即这个冲激响应序列采样完全,否则计算得到的输出便会有误差。在 MATLAB 中,线卷积可以用函数 conv 实现。conv 最简单的用法即:

```
c = conv(a,b)                % 返回向量 a 与向量 b 的卷积结果
```

例 4.6 线卷积。

```
1. a = [2 1 2 1];
2. b = [1 2 3 4];
3. c = conv(a,b)             % 线卷积结果 c 是一个长度为 7 的序列
4.
5. figure, subplot(211), stem(c), title('线卷积结果')
```

这样生成的 c 的长度等于 a、b 两个序列的长度之和减 1。另外,如果交换例 4.6 代码第 3 行的 a 与 b,结果不会发生改变,大家可以尝试一下。

如果要用线卷积计算例 4.5 的结果,可以将例 4.5 中的第 3 行代码改成:

```
y = conv(impz(b,a),x);       % 计算系统在输入 x 时的响应
```

或者把 impz(b,a) 改成用其他方式计算的系统冲激响应。

 作 业

1. 用 conv 对例 4.5 中的第 3 行代码进行改写,设该结果为 y_1,然后将该 y_1 与原代码中的 y 进行比较(画图),看看 filter 的结果是截取了 y_1 中的哪一部分。

2. 讨论一下例 4.2 中生成的单位冲激响应 h 的频谱(可以由 DTFT 公式或 fft 生成),与例 4.3 或例 4.4 中生成的频率响应 H 具有什么关系?请画出其幅频图进行比较。

3. 画出系统 $H_1(z) = \dfrac{1-z^{-1}}{1-0.9z^{-1}}$ 在 $\omega \in [0,\pi]$ 内的零极点图和频率响应。请问该系统会对输入信号进行何种处理?请用一个仿真例子证明。

提 示

可将输入信号设置成由两个成分组成——高频+低频,并比较一下输出信号的频谱中这两个成分的幅度。

4. 画出系统 $H_2(z) = \dfrac{1-z^{-1}}{1+0.9z^{-1}}$ 在 $\omega \in [0,\pi]$ 内的零极点图和频率响应。请问该系统会对输入信号进行何种处理?请用一个仿真例子证明。

5. 画出系统 $H_3(z) = \dfrac{1-z^{-2}}{1-1.16z^{-1}+0.98z^{-2}}$ 在 $\omega \in [0,\pi]$ 内的零极点图和频率响应。请问该系统会对输入信号进行何种处理?请用一个仿真例子证明。

6. 用本课所介绍的方法实现对一个因果线性时不变系统的分析,该系统在 z 平面有一对共轭极点 $z_{1,2} = \dfrac{1}{2}e^{\pm j\pi/3}$,在 $z=0$ 处有二阶零点,且有 $H(z)\big|_{z=1} = 4$。

（1）求 $H(z)$ 及 $h(n)$。

（2）求系统的单位阶跃响应，即输入为 $u(n)$ 时的响应 $y(n)$。

提　示

1. 用 poly 函数可以得到几个根对应的多项式的系数，而用 roots 函数则是得到多项式对应的根，比如：

z1 = 1; z2 = -1; z = [z1, z2];

a = poly(z);

roots(a)

2. 单位阶跃响应可以由 $u(n)$ 与 $h(n)$ 卷积得到。或者采用 MATLAB 中自带的 stepz 函数。

（3）求输入信号为 $x(n) = 10 + 5\cos\left(\dfrac{\pi}{2}n\right)$ 的响应 $y(n)$。

附加题

例 4.5 产生的输出信号 y 具有什么特点？你能从输出信号中看出暂态分量与稳态分量吗？如果我们想得到纯粹的稳态输出，比如设输入为 $x(n) = 5 + 3\cos(0.2\pi n) + 4\sin(0.6\pi n)$，应该怎么计算？

实验 5　快速卷积与 CZT

这次实验是关于快速卷积运算，以及 CZT 变换。

 本次实验相关的 MATLAB 函数：conv、cconv、fftfilt 、czt

5.1　基本的卷积运算

卷积是信号处理中最重要的运算之一。大多数与本课程相关的信号处理操作，就是用时域信号卷积上一个滤波器冲激响应实现的。而时域中的卷积（运算量为 NL 次复数乘法，假设 N 与 L 分别是两个序列的长度）等同于频域中的逐点相乘［运算量为 $(N+L-1)$ 次复数乘法，再加上 FFT 及 IFFT 的运算量］，依据这个性质，可以实现信号的快速处理。本章节的第一个基础问题，是线卷积和圆周卷积的区别与联系。

5.1.1　线卷积与圆周卷积

在 MATLAB 中，线卷积可以用函数 conv 实现，圆周卷积（等同于循环卷积）可以用函数 cconv 实现。conv 在上一节课介绍过。cconv 的基本用法为：

d = cconv(a,b,N)　　　　% 对序列 a 与 b 进行 N 点圆周卷积

圆周卷积操作，即将序列 a、b 进行 N 点的周期性延拓，再进行周期卷积，并取一个主值区间的结果。假设序列 a、b 分别为 M_1、M_2 点，且 M_1 与 M_2 均不大于 N，则这两序列的圆周卷积表示为：

$$d(n) = \sum_{m=0}^{M_1-1} a(m)b((n-m))_N R_N(n) = \sum_{m=0}^{M_1-1} a(m) \sum_{i=-\infty}^{\infty} b(n-m+iN) R_N(n)$$
$$= \sum_{i=-\infty}^{\infty} \sum_{m=0}^{M_1-1} a(m)b(n-m+iN) R_N(n) = \sum_{i=-\infty}^{\infty} c(n+iN) R_N(n)$$

其中，$c(n) = \sum_{m=0}^{M_1-1} a(m)b(n-m)$ 是序列 a、b 的线卷积结果。也就是说，圆周卷积等于线卷积的结果周期性延拓后再进行叠加并取主值区间。再进一步简化，可以得到圆周卷积与线卷积的关系：

$$d(n) = [c(n)+c(n+N)]R_N(n) \tag{5.1}$$

其中线卷积 $c(n)$ 在 $0{\leqslant}n{\leqslant}M_1+M_2-1$ 范围内有值,其余地方为 0。

因此,当 $N{\geqslant}M_1+M_2-1$ 时,

$$d(n)=c(n),0{\leqslant}n{\leqslant}M_1+M_2-1 \tag{5.2}$$

即圆周卷积的前 (M_1+M_2-1) 点与线卷积结果保持一致。

如果 $N<M_1+M_2-1$,则根据式(5.1)有:

$$d(n)=\begin{cases} c(n)+c(n+N), & 0{\leqslant}n<M_1+M_2-1-N \\ c(n), & M_1+M_2-1-N{\leqslant}n<N \end{cases} \tag{5.3}$$

也就是说,圆周卷积的前 (M_1+M_2-1-N) 点与线卷积结果不一致,而后 $(2N-M_1-M_2+1)$ 点则与线卷积结果一致。通过下面这个小例子,大家可以验证一下。

例 5.1 　线卷积与圆周卷积。

```
1. a = [2 1 2 1];
2. b = [1 2 3 4];
3. c = conv(a,b)          % 线卷积结果 c 是一个长度为 7 的序列
4. d = cconv(a,b,4)       % 4 点的圆周卷积结果 d 是一个长度为 4 的序列
5.
6. figure, subplot(211), stem(c), title('线卷积结果')
7. subplot(212), stem(d), title('4 点圆周卷积结果')
```

请大家改变一下第 4 行代码中圆周卷积的点数,观察一下相应的结果,并比较一下式(5.3)给出合理的解释。

5.1.2 　线卷积与圆周卷积的频域实现

在进行线卷积时,如果两个待卷积的信号很长,就可以转换到频域进行计算,以实现信号的快速处理,因为时域中的卷积等同于频域中的逐点相乘。这个过程可以简单描述如下:

序列 $a(n)$ 与 $b(n)$ 线卷积,两序列长度分别是 M_1 与 M_2。

(1) 计算线卷积的点数:$L=M_1+M_2-1$。

(2) 将序列 $a(n)$ 补 0 至 L 点,并用 FFT 转换至频域 $A(k)$。需要复乘次数:约 $\dfrac{L}{2}\log_2 L$。

(3) 将序列 $b(n)$ 补 0 至 L 点,并用 FFT 转换至频域 $B(k)$。需要复乘次数:约 $\dfrac{L}{2}\log_2 L$。

(4) 将 $A(k)$ 与 $B(k)$ 逐点相乘,得到 $C(k)$。需要复乘次数:L。

(5) 将 $C(k)$ 经 IFFT 转换至时域 $c(n)$。需要复乘次数 x:约 $\dfrac{L}{2}\log_2 L$。

而序列的圆周卷积同样也可以用频域计算实现,具体描述如下:

序列 $a(n)$ 与 $b(n)$ 进行 N 点圆周卷积,两序列长度分别是 M_1 与 M_2。设 $N{\geqslant}\max(M_1,M_2)$:

(1) 将序列 $a(n)$ 补 0 至 N 点,并用 FFT 转换至频域 $A(k)$。需要复乘次数:约 $\dfrac{N}{2}\log_2 N$。

(2) 将序列 $b(n)$ 补 0 至 N 点,并用 FFT 转换至频域 $B(k)$。需要复乘次数:约 $\frac{N}{2}\log_2 N$。

(3) 将 $A(k)$ 与 $B(k)$ 逐点相乘,得到 $D(k)$。需要复乘次数:N。

(4) 将 $D(k)$ 经 IFFT 转换至时域 $d(n)$。需要复乘次数 x:约 $\frac{N}{2}\log_2 N$。

比较一下这两个过程,二者的差别仅在序列补 0 的长度,线卷积可以看成圆周卷积在 $N=L$ 下的一个特例。下面例 5.2 中用频域逐点相乘来实现例 5.1 中两个序列的线卷积。

例 5.2 频域逐点相乘实现线卷积(其中 a,b,c 三个变量由例 5.1 代码生成)。

```
1.  N = length(a)+length(b)-1;
2.  A = fft(a, N);
3.  B = fft(b, N);
4.  C = A.*B;
5.  c1 = ifft(C);
6.  c1 = real(c1);          % 仅取实部,因为序列 a 与 b 均为实数,故卷积结果必然为实数
7.
8.  figure, stem(c)
9.  hold on, stem(c1,'r*:')
10. legend('conv 函数计算结果','频率逐点相乘结果')
```

如果要用频域逐点相乘法实现序列的圆周卷积,过程与例 5.2 基本相同,只是选择频域点数 N 时,应该依据圆周卷积的点数而定(比如要进行 4 点的圆周卷积,N 就是 4)。

5.2 长数据的快速卷积

在实际应用时,常需要用一个固定尺寸的滤波器[用 $h(n)$ 表示,设长度为 M]去处理一段很长的时序信号[用 $x(n)$ 表示,设长度为 Lz],一般有 $Lz \gg M$。在这种情况下,如果仍然采用例 5.2 所示的频域法计算 $h(n)$ 与 $x(n)$ 的卷积,则往往不能节省计算资源,因为在频域计算的过程中需要将相对较短的 $h(n)$ 补 0,扩展至与长序列 $x(n)$ 基本相等的尺寸($Lz+M-1 \approx Lz$),再进行 FFT,这一步会浪费大量不必要的计算量。

在实际中,将一个很长的时序信号与一个短序列进行卷积时,常采用将长序列分段 $x(n)$ 后再逐段与 $h(n)$ 卷积的形式,具体实现时有两种方案:重叠相加法与重叠保留法。在本节实验中,我们用代码展现一下这个过程,以帮助大家将这两种算法理解得更透彻一些。

5.2.1 重叠相加法

在重叠相加法中,长序列 $x(n)$ 被分成不重叠的小段 $x_i(n)$,每一段的长度(记为 L)与短序列 $h(n)$ 长度(记为 M)接近。每个小段 $x_i(n)$ 与 $h(n)$ 进行卷积,得到分段输出信号 $y_i(n)$,再将每段输出信号叠加起来得到最终的输出结果。在这个过程中,输入信号的分

段之间无重叠,输出的分段信号之间有重叠,故需要相加。用数学公式表示如下:

$$y(n) = x(n) * h(n) = \sum_i x_i(n-iL) * h(n) = \sum_i y_i(n-iL) \tag{5.4}$$

其中,$x(n) = \sum_i x_i(n-iL)$ 代表着将 $x(n)$ 分段,$x_i(n)$ 表示输入信号的第 i 段:

$$x_i(n) = \begin{cases} x(n+iL), & 0 \leqslant n \leqslant L-1 \\ 0, & \text{else} \end{cases}$$

$y_i(n) = x_i(n) * h(n)$ 是分段输出结果。在卷积后长度为:$N_1 = L + M - 1$。因此,式(5.4)中在输出信号的每相邻两段(比如:$y_0(n)$ 与 $y_1(n-L)$)之间存在着重叠部分,重叠部分的点数为 $(M-1)$。

例 5.3 重叠相加法函数实现。

```
1.  function y = conv_ovadd(x,h,L)
2.  %  重叠相加法计算线卷积
3.  %  x:待卷积的序列
4.  %  h:滤波器响应序列
5.  %  L:对 x 分段,每段 L 点(L 应与 h 的长度同量级)
6.      if min(size(x)) > 1
7.        error('x should be a vector!')
8.      end
9.      if min(size(h)) > 1
10.       error('h should be a vector! ')
11.     end
12.
13.     x = x(:). ';              % 令 x 为行向量
14.     h = h(:). ';              % 令 h 为行向量
15.     Lz = length(x);          % x 的长度
16.     M = length(h);           % h 的长度
17.
18.     N1 = L+M-1;              % x 中的每段与 h 线卷积后的长度
19.     J = ceil(Lz/L);
20.     x1 = [x, zeros(1, J*L-Lz)];
21.
22.     y = zeros(1, length(x1)+M-1);
23.     for k = 1:J
24.       MI = (k-1)*L;
25.     nn = 1:L;
26.     xx = x1(nn+MI);
27.     yc = conv(xx, h);         % 分段线卷积结果
28.     y(MI+(1:N1)) = y(MI+(1:N1))+yc(1:N1);
29.     end
30.     y = y(1:Lz+M-1);
31. end
```

上面这个函数的第 27 行代码实现了两序列的线卷积,但尚未变成频域法计算的形式,将这句代码改写为频域中的逐点相乘可以使计算速度加快。在调用这个函数时,分段点数 L 应该设置得与 $h(n)$ 的长度 M 相同量级,也可以直接令二者相等。比如可以用下

面这段代码测试一下：

```
h = fir1(1e3, 0. 1);          % h 是一个简单的 1000 阶低通滤波器，长度为 1001
[x_in, Fs] = audioread('audio48kHz. wav');
L = length(h);
tic
y_out = conv_ovadd(x_in, h, L);
toc
```

其中，audio48kHz. wav 是 MATLAB 的 audio 工具箱自带的音频文件，大家也可以用自己的小音频文件尝试一下。可以用 soundsc 听一下处理前后的信号。大家可以改变 L 的数值，观察一下运算时间的变化，由于 MATLAB 在处理循环操作时较慢，因此如果分段数目越大，处理时间会越久，即适当加大 L 将缩短计算时间。

5.2.2 重叠保留法

在重叠保留法中，长序列 $x(n)$ 被分成重叠的小段 $x_i(n)$，每一段的长度（记为 L）与短序列 $h(n)$ 长度（记为 M）接近，且 $L > M$。每个小段 $x_i(n)$ 与 $h(n)$ 进行 L 点圆周卷积，仅截取其中的 N_1 点构成分段输出信号 $y_i(n)$，将所有 $y_i(n)$ 拼接起来得到最终的输出结果。在这个过程中，输入信号的分段之间有重叠，输出的分段信号之间无重叠，故称为"重叠保留法"。

根据第 5.1 节中关于圆周卷积与线卷积的关系可知，长度为 L 的 $x_i(n)$ 与长度为 M 的 $h(n)$ 的线卷积的点数应该为 $L+M-1$，而若进行 L 点圆周卷积，得到的结果中只有后面的 $[L-(M-1)]$ 点能与线卷积结果一致。因此需要在输出的分段圆周卷积结果中保留 $(L-M+1)$ 点。

例 5.4 重叠保留法函数实现。

```
1.  function y = conv_ovsav(x,h,L)
2.  % 重叠保留法计算线卷积
3.  % x:待卷积的序列
4.  % h:滤波器响应序列
5.  % L:分段，每段进行 L 点圆周卷积
6.      if min(size(x)) >  1
7.        error('x should be a vector! ')
8.      end
9.      if min(size(h)) >  1
10.       error('h should be a vector! ')
11.     end
12.
13.     x = x(:). ';             % 令 x 为行向量
14.     h = h(:). ';             % 令 h 为行向量
15.     Lz = length(x);          % x 的长度
16.     M = length(h);           % h 的长度
17.
18.     N1 = L-M+1;              % 各段圆周卷积结果中的"有效点"数目
```

```
19.      if N1 < 1
20.        error(['L should be larger than:', num2str(M-1)]);
21.      end
22.      J = ceil((Lz+M-1)/N1);               % 共进行 J 次圆周卷积
23.      x1 = [zeros(1, M-1), x, zeros(1,J*N1-Lz)];
24.
25.      y = [];
26.      for k = 1:J
27.        MI = (k-1)*N1;
28.        xx = x1(MI+(1:L));
29.        yc = cconv(xx, h, L);               % 分段圆周卷积, 长度 L 点
30.        y = [y, yc(M:end)];
31.      end
32.      y = y(1:Lz+M-);
33. end
```

上面这个函数的第 29 行代码实现了两序列的 L 点圆周卷积, 但尚未变成频域法计算的形式, 将这句代码改写为频域中的逐点相乘将使计算速度加快。在调用这个函数时, 分段点数 L 应该设置得与 $h(n)$ 的长度 M 相同量级, 并且最好设置成 2 的整数次幂, 这样在圆周卷积用频域法计算时可以直接使用 FFT 加速运算。比如:

```
h = fir1(1e3, 0. 1);
[x_in, Fs] = audioread('audio48kHz. wav');
L = 2^nextpow2(length(h));
tic
y_out = conv_ovsav(x_in, h, L);
toc
```

在这段代码中, 若将 L 设置得更大一些 (比如 "L = 2^nextpow2(length(h)) * 4；" 或 "L = 2^nextpow2(length(h)) * 8；"), 则计算速度会更快一些。

5.3　线性调频 z 变换

DFT 可以视为线性调频 z 变换 (CZT, chirp-z transform) 的一种特例。DFT 仅在 z 平面单位圆上进行等间隔取点, 而 CZT 则可以在 z 平面上自定义轨迹进行取点:

$$X(k) = \sum_{n=0}^{N-1} x(n) z_k^{-n}, z_k = AW^{-k}, k = 0, 1, \cdots, M-1$$

在实现长序列 CZT 时同样可以使用与长序列卷积相关的加速技巧 (频域法)。不过本次实验中将不具体介绍及实践这部分的具体算法, 而是直接采用 czt 函数实现 CZT, 该函数的调用格式是:

$$X = \text{czt}(x, M, W, A)。$$

x 是待变换的时域信号, 其长度设为 N, M 是变换的长度, W 确定变换的步长, A 确定变换的起点。若 $M = N, A = 1, W = e^{-j\frac{2\pi}{N}}$, 则 czt 变成 DFT。

例 5.5　信号中有四个成分, 频率分别为 60 Hz, 64 Hz, 95 Hz, 100 Hz, 抽样频率为

— 41 —

600 Hz,时域内取 200 个点,分别用 DFT 与 CZT 观察其频谱(频域内均取 200 个点)。

```
1. clear all; close all;
2. N = 200;
3. f1 = 60; f2 = 64; f3 = 95; f4 = 100;
4. fs = 600;
5. t = 0:1/fs:(N-1)/fs;
6. x = exp(1i*2*pi*f1*t)+exp(1i*2*pi*f2*t)+exp(1i*2*pi*f3*t)+exp(1i*2*pi*f4*t);
7.
8. Nf = N;
9. ff = (0:1/Nf:0.5-1/Nf)*fs;
10. Y1 = fft(x, Nf); Y1 = Y1(1:Nf/2);
11. % CZT
12. M = 200; f0 = 50; D = 0.35;
13. W = exp(- 1i*2*pi*D/fs); A = exp(1i*2*pi*f0/fs);
14. Y2 = czt(x,M,W,A); n2 = f0:D:(f0+(M-1)*D);
15. %
16. figure, subplot(211); plot(ff, abs(Y1),'k','linewidth',1.5);
17. xlabel('频率 (Hz)');
18. legend(['DFT 频谱 : ', num2str(Nf),' 个频点']); legend('boxoff')
19. subplot(212); plot(n2, abs(Y2),'k','linewidth',1.5);
20. legend(['CZT 频谱 : ', num2str(M),' 个频点']); legend('boxoff')
21. xlabel('频率 / Hz');
```

在上面这段代码中,第 8 行代码中的"Nf＝N"将 DFT 频域变换的点数设置为时域序列的长度,而在第 12 行代码中将 CZT 的频域采样点数设置为时域序列的长度。DFT 得到的是一个完整周期[0, fs)内的频谱(对于实序列,我们仅取半个周期进行观察,即[0, fs/2))。而 CZT 计算得到的是自定义范围内的频谱,第 12 行代码中,起始点设置为:$f_0＝50$ Hz,步长为 $D＝0.35$ Hz,终止点设置为:$f_0＋(M－1)\times D＝119.65$ Hz。得到的谱图如图 5.1 所示。

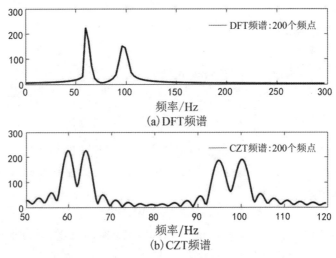

(a)DFT频谱

(b)CZT频谱

图 5.1　DFT 与 CZT 的频谱比较

在这个例子中 CZT 的频谱图中可区分出四个频率成分,而 DFT 则不能。

不过,需要注意的是,在这个例子中 DFT 得到的谱图分辨率低是因为栅栏效应。如果把第 8 行代码中的 Nf 增大,比如"Nf = N＊2;",则可以看到在 DFT 的频谱中四个谱峰被区分开来。由于采样频率是 600 Hz,信号长度为 200 点,故物理分辨率是 3 Hz,这个信号中最小的峰间距是 4 Hz,因此采样信号的物理分辨率足够高,可以将所有谱峰都区分开。如果在第 2 行代码中定义的信号长度缩短为 50 点,则无论是 CZT 还是 DFT,都只能得到两个谱峰,而无法清晰区分出这四个频率成分。

 ## 作　业

1. 已知两个序列:$x_1 = [1, 2, 3]$,$x_2 = [4, 5, 6, 7]$,用 conv 进行线卷积运算。用 cconv 对 x_1 与 x_2 进行 4 点、6 点、8 点圆卷积。将所有结果画图展示并讨论。

2. 线卷积与圆周卷积都可利用频域逐点相乘的形式实现,请编写代码完成这一过程,计算上一道题中的 x_1 与 x_2 的线卷积与 4 点、6 点、8 点圆周卷积。

3. 注意到例 5.3 给出的重叠相加法使用的卷积为 conv 函数,请将这一步(第 27 行代码)改写为用频域逐点相乘法实现(也可以自己重新编写整个 conv_ovadd 函数)。给出改写后的完整函数与调试代码。

4. 同样,将例 5.4 给出的重叠保留法中的 cconv(第 29 行代码)替换成自己编写的频域逐点相乘法(也可以自己重新编写整个 conv_ovsav 函数)。给出改写后的完整函数与调试代码。

5. 设计一个实验验证上面第 3、4 题编写的函数是正确的。比如滤波器可以采用:

```
h = fir1(1e2, 0.3);          % 一个 100 阶的低通滤波器,截止频率为 0.3π
```

待处理数据可以用一个 1001 点的序列,比如:

```
n = 0:1e3;
x = sin(0.2*pi*n)+sin(0.4*pi*n);          % 两个频率成分
```

采用 conv(x,h) 得到 x 与 h 直接线卷积的结果,再采用第 3 题编写的分段卷积函数(选择 $L = 100$),比较它们的一致性(比如可以画图,或计算误差);相似地,请比较 conv 的结果与第 4 题编写的分段卷积函数(选择 $L = 200$)结果的一致性。

6. 有一个滤波器 $h(n)$ 的长度为 $M=31$,信号 $x(n)$ 的长度为 $N_1=19000$,希望用重叠保留法实现二者的卷积,其中利用了 $N=512$ 点的 FFT 算法,试讨论如何完成这一滤波运算。[①]

要求:参考本课件所给代码,简单描述过程,包括如何对 $x(n)$ 分段、每段多少点,从各段卷积结果中如何截取及拼接,并回答总共需要计算多少个分段卷积?

7. 同上题的数据,若用重叠相加法,问需要多少个 $N=512$ 点的 FFT 运算?[②]

要求:参考本课件所给代码,简单描述过程,包括如何对 $x(n)$ 分段、每段多少点,从各段卷积结果中如何截取及叠加,并回答总共需要计算多少个分段卷积。

---

① 原题出自:程佩青主编《数字信号处理教程》,第 5 版,第 245 页习题 4.18。
② 原题出自:程佩青主编《数字信号处理教程》,第 5 版,第 245 页习题 4.19。

8. 生成一个 8 点序列 $x(n)$，比如可以用：

$$x(n) = \begin{cases} 1, & 0 \leqslant n \leqslant 7 \\ 0, & \text{其他} \end{cases}$$

试用 CZT 法求其前 10 点的复频谱 $X(z_k)$。已知 z 平面路径为 $A_0 = 0.8$，$\theta_0 = \dfrac{\pi}{3}$，

$W_0 = 1.2$，$\varphi_0 = \dfrac{2\pi}{20}$，画出 z_k 的路径及 CZT 实现过程示意图。[①]

要求：

（1）在复平面上画出 10 点 z_k，画出单位圆作为参考位置。画单位圆可以用：

figure,rectangle('position',[-1 -1 2 2], 'Curvature', [1 1],'linestyle',':'); axis equal;

（2）画出 CZT 的结果（横轴：频率，也就是 angle(z_k)；纵轴：$X(z_k)$ 的实部、虚部）。

 附加题（选做）

1. 现在你已经完成了两个用于大规模数据的卷积的函数，可以读入一个含 1000000 个点以上的音频数据，对其进行滤波处理，测试一下你编写的函数的性能。

注：滤波器可自行设定，比如用：h = fir1(1e3, 0.1);

2. 用动图的方式展现上一道题的结果，比如实时展示每一段信号处理的结果。

[①] 原题出自：程佩青主编《数字信号处理教程》，第 5 版，第 244 页习题 4.8。

实验 6　简单滤波器设计及应用

 本实验相关的 MATLAB 函数：conv、filter

在实验 4 中，我们简单介绍了如何计算离散时间系统（或滤波器）的频率响应以及如何利用离散时间系统处理给定的信号。在本次实验中，我们将介绍如何设计简单的滤波器系统，以达到增强或抑制信号中特定成分的效果。

6.1　设计简单一阶、二阶滤波器

6.1.1　一阶低通 LP

要设计一个简单的低通滤波器，只需要在 $z = e^{j\pi} = -1$ 附近设置零点，或者在 $z = e^{j0} = 1$ 附近设置极点。因为 $\omega = \pi$ 对应着高频的位置，$\omega = 0$ 对应着低频的位置。

例 6.1　设计简单的一阶低通滤波器。

```
1.  z = -1;
2.  p = 0.9;              % 为了保持稳定性,极点一般设置为接近于 1 但小于 1 的值。可调参数
3.  b = poly(z);
4.  a = poly(p);
5.  [H1, w1] = freqz(b,a);
6.  [H2, w2] = freqz(b,1);
7.  [H3, w3] = freqz(1,a);
8.
9.  figure, set(gcf, 'Position', [60 200 700 200]);
10. subplot(131); zplane(b, a); title('H_1(z)的零极点')
11. subplot(132); zplane(b, 1); title('H_2(z)的零极点')
12. subplot(133); zplane(1, a); title('H_3(z)的零极点')
13.
14. figure, subplot(311); plot(w1/pi, abs(H1), 'k', 'linewidth', 1);
15. xlabel('\ omega/\ pi'); ylabel('| H_1(e^{j\ omega})| ');
16. subplot(312); plot(w2/pi, abs(H2), 'k', 'linewidth', 1);
17. xlabel('\ omega/\ pi'); ylabel('| H_2(e^{j\ omega})| ');
18. subplot(313); plot(w3/pi, abs(H3), 'k', 'linewidth', 1);
19. xlabel('\ omega/\ pi'); ylabel('| H_3(e^{j\ omega})| ');
20. set(gcf, 'Position', [400 400 400 300]);
```

上面这段代码中设计了三个简单的一阶低通滤波器,图 6.1 展示了这三个系统的零极点图,图 6.2 展示了三个系统的幅频响应曲线。第一个系统 $H_1(z) = \dfrac{1+z^{-1}}{1-0.9z^{-1}}$ 是一个 IIR 滤波器,零点在 $z = e^{j\pi} = -1$ 处,极点在 $z = 0.9e^{j0} = 0.9$ 处,因此在增强直流/低频信号的同时也抑制了高频信号。第二个系统 $H_2(z) = 1+z^{-1}$ 是一个 FIR 滤波器,零点在 $z = -1$ 处,因此其功能主要是抑制高频信号。第三个系统 $H_3(z) = \dfrac{1}{1-0.9z^{-1}}$ 是一个 IIR 滤波器,极点在 $z = 0.9$ 处,因此其功能主要是增强直流/低频信号。

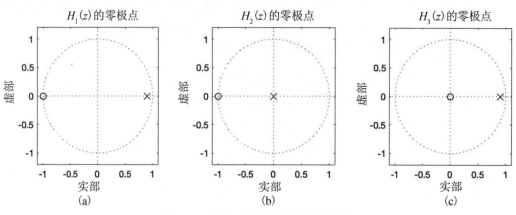

图 6.1　简单一阶低通滤波器的零极点

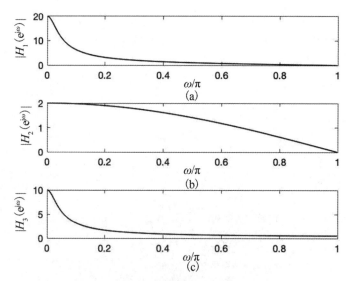

图 6.2　简单一阶低通滤波器的幅频响应

6.1.2　一阶高通 HP

设计一个高通滤波器,思路与简单低通滤波器的设计类似,只需要在希望增强的代表频率点附近设置极点,在希望抑制的代表频率附近设置零点。所以在设计高通滤波器时,我们可以在 $z = e^{j\pi} = -1$ 附近设置极点,或者在 $z = e^{j0} = 1$ 附近设置零点。

例 6.2　设计简单的一阶高通滤波器。

```
1.  z = 1;
2.  p = -0.9;                    % 为了保持稳定性，极点一般设置为接近于 1 但小于 1 的值。可调参数
3.  b = poly(z);
4.  a = poly(p);
5.  [H1, w1] = freqz(b,a);
6.  [H2, w2] = freqz(b,1);
7.  [H3, w3] = freqz(1,a);
8.
9.  figure, set(gcf, 'Position', [60 200 700 200]);
10. subplot(131); zplane(b, a); title('H_1(z)的零极点')
11. subplot(132); zplane(b, 1); title('H_2(z)的零极点')
12. subplot(133); zplane(1, a); title('H_3(z)的零极点')
13.
14. figure, subplot(311); plot(w1/pi, abs(H1), 'k', 'linewidth', 1);
15. xlabel('\omega/\pi'); ylabel('|H_1(e^{j\omega})|');
16. subplot(312); plot(w2/pi, abs(H2), 'k', 'linewidth', 1);
17. xlabel('\omega/\pi'); ylabel('|H_2(e^{j\omega})|');
18. subplot(313); plot(w3/pi, abs(H3), 'k', 'linewidth', 1);
19. xlabel('\omega/\pi'); ylabel('|H_3(e^{j\omega})|');
20. set(gcf, 'Position', [400 400 400 300]);
```

上面这段代码中设计了三个简单的一阶高通滤波器，图 6.3 展示了这三个系统的零极点图，图 6.4 展示了三个系统的幅频响应曲线。第一个系统 $H_1(z) = \dfrac{1-z^{-1}}{1+0.9z^{-1}}$ 是一个 IIR 滤波器，零点在 $z=1$ 处，极点在 $z=-0.9$ 处，因此在增强高频信号的同时也抑制了低频信号。第二个系统 $H_2(z) = 1-z^{-1}$ 是一个 FIR 滤波器，零点在 $z=1$ 处，因此其功能主要是抑制低频信号。第三个系统 $H_3(z) = \dfrac{1}{1+0.9z^{-1}}$ 是一个 IIR 滤波器，极点在 $z=-0.9$ 处，因此其功能主要是增强高频信号。

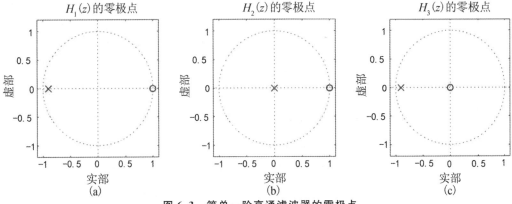

图 6.3　简单一阶高通滤波器的零极点

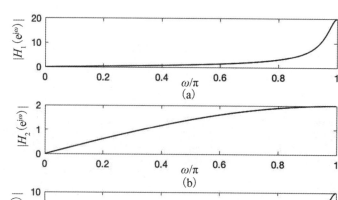

图 6.4 简单一阶高通滤波器的幅频响应

6.1.3 二阶带通 BP

要设计一个简单带通滤波器,假设希望通带在 ω_0 附近,则只需要在 $z = e^{\pm j\omega_0}$ 附近设置极点,在 $z = \pm 1$ 附近设置零点(即令高、低频点处响应为 0)。注意,如果希望滤波器是实系数的,则一阶系统已经无法满足带通要求了,因为零极点必须共轭成对出现。

例 6.3 设计简单的二阶带通滤波器,通带在 0.3π 附近。

```
1.  w0 = 0. 3*pi;
2.  z = [1, -1];
3.  r = 0. 99;                      % 可调参数
4.  p = r*[exp(1i*w0), exp(-1i*w0)];    % 为了保持稳定性,极点一般设置为接近于 1 但小于 1 的值。
5.  b = poly(z);
6.  a = poly(p);
7.  [H1, w1] = freqz(b,a);
8.  [H2, w2] = freqz(1,a);
9.
10. figure, set(gcf, 'Position', [100 200 450 200]);
11. subplot(121); zplane(b, a); title('H_1(z)的零极点')
12. subplot(122); zplane(1, a); title('H_2(z)的零极点')
13.
14. figure, subplot(211); plot(w1/pi, abs(H1), 'k', 'linewidth', 1);
15. xlabel('\ omega/\ pi'); ylabel('| H_1(e^{j\ omega})| ');
16. subplot(212); plot(w2/pi, abs(H2), 'k', 'linewidth', 1);
17. xlabel('\ omega/\ pi'); ylabel('| H_2(e^{j\ omega})| ');
18. set(gcf, 'Position', [400 400 400 300]);
```

上面这段代码中设计了两个简单的二阶带通滤波器,图 6.5 展示了这两个系统的零极点图,图 6.6 展示了两个系统的幅频响应曲线。第一个系统:

$$H_1(z) = \frac{(1-z^{-1})(1+z^{-1})}{(1-0.99e^{j0.3\pi}z^{-1})(1-0.99e^{-j0.3\pi}z^{-1})}$$

零点在 $z=\pm1$ 处,极点在 $z=0.99\mathrm{e}^{\pm\mathrm{j}0.3\pi}$ 处,因此在增强 $\pm0.3\pi$ 附近频率成分的同时也抑制了高、低两端的频率成分。第二个系统:

$$H_2(z)=\frac{1}{(1-0.99\mathrm{e}^{\mathrm{j}0.3\pi}z^{-1})(1-0.99\mathrm{e}^{-\mathrm{j}0.3\pi}z^{-1})}$$

极点在 $z=0.99\mathrm{e}^{\pm\mathrm{j}0.3\pi}$ 处,因此其功能主要是增强 $\pm0.3\pi$ 附近频率成分。这两个系统都是 IIR 系统。

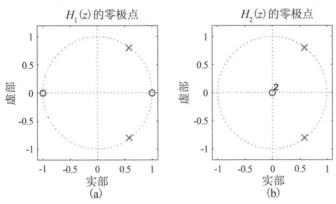

图 6.5　简单二阶带通滤波器的零极点图

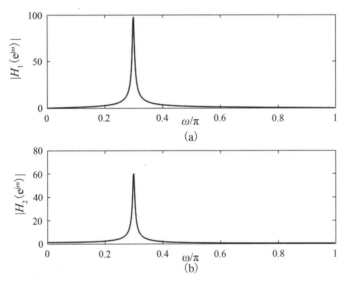

图 6.6　简单二阶带通滤波器的幅频响应

6.1.4　二阶带阻 BS

要设计一个带阻滤波器,假设希望滤除在 ω_0 附近的信号,则只需要在 $z=\mathrm{e}^{\pm\mathrm{j}\omega_0}$ 附近设置零点,在 $z=\pm1$ 附近设置极点(即令高、低频点处响应为最大)。

例 6.4　设计简单的二阶带阻滤波器,阻带在 0.3π 附近。

```
1.  w0 = 0. 3*pi;
2.  z = [exp(1i*w0), exp(-1i*w0)];
```

```
3.  r = 0. 99;              %  可调参数
4.  p = r*[1, -1];          %  为了保持稳定性,极点一般设置为接近于 1 但小于 1 的值。
5.  b = poly(z);
6.  a = poly(p);
7.  [H1, w1] = freqz(b,a);
8.  [H2, w2] = freqz(b,1);
9.
10. figure, subplot(211); plot(w1/pi, abs(H1))
11. subplot(212); plot(w2/pi, abs(H2))
```

上面这段代码中设计了两个简单的二阶带阻滤波器,图 6.7 展示了这两个系统的零极点图,图 6.8 展示了两个系统的幅频响应曲线。第一个系统是 IIR 系统:

$$H_1(z) = \frac{(1-e^{j0.3\pi}z^{-1})(1-e^{-j0.3\pi}z^{-1})}{(1-0.99z^{-1})(1+0.99z^{-1})}$$

零点在 $z=e^{\pm j0.3\pi}$ 处,极点在 $z=\pm 0.99$ 处,因此在抑制 $\pm 0.3\pi$ 附近频率成分的同时也增强了高、低两端的频率成分。第二个系统是 FIR 系统:

$$H_2(z) = (1-e^{j0.3\pi}z^{-1})(1-e^{-j0.3\pi}z^{-1})$$

零点在 $z=e^{\pm j0.3\pi}$ 处,因此其功能主要是抑制 $\pm 0.3\pi$ 附近频率成分。

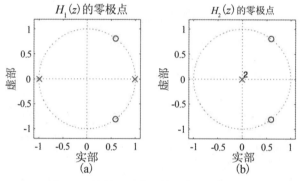

图 6.7 简单二阶带阻滤波器的零极点图

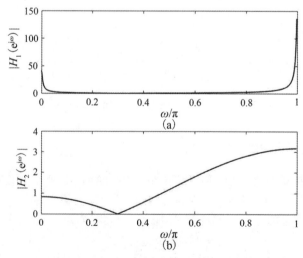

图 6.8 简单二阶带阻滤波器的幅频响应

也许你已经发现了,这种方式设计的带阻滤波器阻带范围很宽,频率选择性并不是很好。若想得到阻带很窄的带阻滤波器(陷波器),可把极点也设置在 $\pm\omega_0$ 处,但需要在单位圆内,比如:

例 6.5   设计二阶陷波器,阻带在 0.3π 附近。

```
1.  w0 = 0. 3*pi;
2.  z = [exp(1i*w0), exp(-1i*w0)];
3.  r = 0. 99; delta = 0. 1*pi;                    % 可调参数
4.  p = r*z;
5.  b = poly(z);
6.  a = poly(p);
7.  [H_notch, ww] = freqz(b,a);
8.
9.  figure, set(gcf, 'Position', [100 200 250 250]);
10. zplane(b, a); title('陷波器的零极点')
11. figure; plot(ww/pi, abs(H_notch), 'k', 'linewidth', 1);  % 加极点的效果
12. xlabel('\ omega/\ pi'); ylabel('| H_{notch}(e^{j\ omega})| ');
13. set(gcf, 'Position', [500 200 400 200]);
```

图 6.9 展示了这个陷波器的零极点图,图 6.10 展示了其幅频响应曲线。这个系统是 IIR 系统:

$$H_1(z)=\frac{(1-\mathrm{e}^{\mathrm{j}0.3\pi}z^{-1})(1-\mathrm{e}^{-\mathrm{j}0.3\pi}z^{-1})}{(1-0.99\mathrm{e}^{\mathrm{j}0.3\pi}z^{-1})(1-0.99\mathrm{e}^{-\mathrm{j}0.3\pi}z^{-1})}$$

零点在 $z=\mathrm{e}^{\pm\mathrm{j}0.3\pi}$ 处,极点在 $z=0.99\mathrm{e}^{\pm\mathrm{j}0.3\pi}$ 处,因此在 $\pm0.3\pi$ 频点成分被完全抑制,但距离 $\pm0.3\pi$ 相对较远的频率成分受零点的调控与其受极点的调控作用基本相互抵消,因此幅频响应在这些区域较为平整。

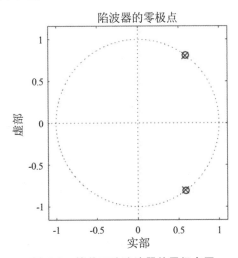

图 6.9   简单二阶陷波器的零极点图

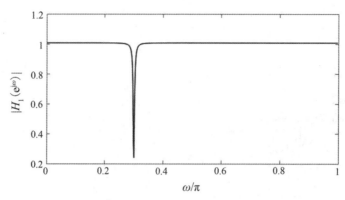

图 6.10　简单二阶陷波器的幅频响应

6.2　简单的滤波应用

在介绍完几种滤波器设计方法后,在这一节中我们尝试应用滤波器进行一些简单的信号处理。

6.2.1　去除白噪声

白噪声是存在最普遍的一种噪声形式,白噪声频谱基本覆盖了全频带。而一般意义上的信号则具有窄带的特点,且频率一般处于低频。因此,一种很常用的去除白噪声的方法是使用低通滤波器。含噪信号通过低通滤波器之后将得到平滑,低频的信号成分基本通过,高噪范围内的噪声得以压制(当然,低频的噪声使用这种方法是无法去除的)。

例 6.6　采用低通滤波器抑制白噪声。

```
1. load handel                              % MATLAB 自带音乐
2. % soundsc(y,Fs)
3. % % % % % % % % %
4. N = length(y);
5. sgm = 0.1;                               % 控制加入噪声的大小
6. yn = y + sgm*randn(size(y));             % yn 为加噪后的信号
7. % soundsc(yn,Fs)
8.
9. Nf = 2^nextpow2(N);
10. Y = fft(y, Nf); Y = Y(1:Nf/2);
11. Yw = fft(yn, Nf); Yw = Yw(1:Nf/2);      % 由于频谱的对称性,故只展示 0~π 这半部分
12. w = (0:1/Nf:0.5-1/Nf)*2*pi;
13. %
14. z = -1;                                 % 零点
15. p = 0.8; %  极点(为了保持稳定性,极点一般设置为接近于1但小于1的值。可调参数)
16. b = poly(z);
17. a = poly(p);
18. [Hf, wf] = freqz(b,a);
```

```
19.
20. xn = filter(b,a,yn);                    % xn 为通过滤波器之后的信号
21. %  soundsc(xn,Fs)
22.
23. Xw = fft(xn, Nf);
24. Xw = Xw(1:Nf/2);
25. figure, subplot(311); plot(w/pi, abs(Y));
26. xlabel('\ omega/\ pi'); ylabel('| Y(e^{j\ omega})| '); title('干净信号频谱');
27. subplot(312); plot(w/pi, abs(Yw));
28. xlabel('\ omega/\ pi'); ylabel('| Y_n(e^{j\ omega})| '); title('含噪信号频谱')
29. subplot(313); plot(w/pi, abs(Xw));
30. xlabel('\ omega/\ pi'); ylabel('| X(e^{j\ omega})| '); title('低通滤波后信号频谱')
```

这段代码首先加载了一段 MATLAB 自带的音频文件(大家也可以换成其他音频文件),加入一定量的白噪声(第 6 行代码),然后生成一个简单的一阶低通滤波器(零、极点分别为 -1 与 0.8,并对信号进行滤波(第 20 行代码)。听听看效果还满意吗(可以去掉第 2、7、21 行代码的注释符并逐次运行)?

在滤波后音频信号中噪声确实弱了一些,但也损失了不少信号成分,音频听起来更模糊,整体辨识度变低了。在图 6.11 中展示了干净信号、含噪信号、滤波后信号的频谱,从图中可以看到,在低通滤波后,信号的低频成分得到增强(同时噪声的低频部分也被增强了),高频成分被削弱了。可见,这种简单的低通滤波器在去除白噪声方面性能并不是很理想。

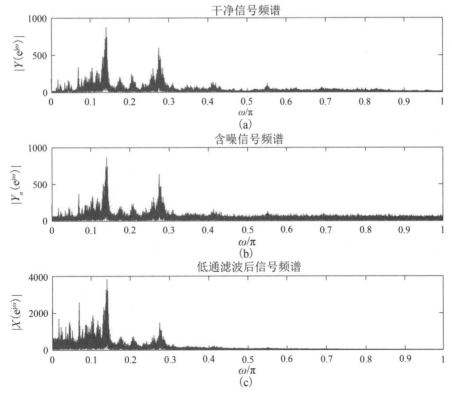

图 6.11 低通滤波前后的信号频谱比较

实际应用中的低通滤波器不会这么简单,如果要实现比较好的去噪效果,一般会采用更高阶的滤波器,或者非线性的滤波方式。在大家学会设计通带更平整、过渡带更窄的滤波器之后,可以再回来比较一下它们的去噪效果。

6.2.2 去除单频噪声

如果信号中混入的是单频噪声(比如 50 Hz 的工频信号就常常混入仪器采集的信号中,尤其是在对微弱信号进行检测时),那么可以考虑使用例 6.5 中介绍的陷波器去除。

例 6.7 采用陷波器去除单频噪声。

```
1.  load handel                               % MATLAB 自带音乐
2.  % soundsc(y,Fs)
3.  %
4.  N = length(y);
5.  sgm = 0. 1;                               % 控制加入噪声的大小
6.  fn = 1000;                                % 假设加入 1000 Hz 的单频噪声
7.  yn = y(:). '+ sgm*sin(2*pi*fn/Fs*(0:N-1)); % yn 为加噪后的信号
8.  % soundsc(yn,Fs)
9.
10. Nf = 2^nextpow2(N);
11. Yw = fft(yn, Nf);
12. Yw = Yw(1:Nf/2);                          % 由于频谱的对称性,故只展示 0~ π 这半部分
13. w = (0:1/Nf:0. 5-1/Nf)*2*pi;
14. %
15. w0 = 2*pi*fn/Fs;                          % 陷波点
16. z = [exp(1i*w0), exp(-1i*w0)];            % 滤波器的零点
17. r = 0. 99;                                % 可调参数
18. p = r*z;                                  % 滤波器的极点
19. b = poly(z);
20. a = poly(p);
21.
22. xn = filter(b,a,yn);                      % 滤波之后的信号
23. % soundsc(xn,Fs)
24.
25. Xw = fft(xn, Nf);
26. Xw = Xw(1:Nf/2);
27. figure, subplot(211); plot(w/pi, abs(Yw)); title('含噪信号频谱')
28. xlabel('\ omega/\ pi'); ylabel('| Y_n(e^{j\ omega})| ');
29. subplot(212); plot(w/pi, abs(Xw)); title('陷波器滤波后信号频谱')
30. xlabel('\ omega/\ pi'); ylabel('| X(e^{j\ omega})| ');
```

在上面这段代码中,我们在干净音频中加入了一个 1000 Hz 的单频噪声(第 7 行代码),大家也可以调整第 6 行代码中的 fn 数值,以模拟其他频率噪声。如果将第 8 行代码解除注释并运行一下,可以听到在干净的音频中混入这个单频噪声的效果。这个单频噪声对应的数字频率为:$\omega_0=\dfrac{2\pi f_n}{F_s}\approx0.24\pi$,因此为了去除该单频噪声,陷波器的零点应该设置在 $z=e^{\pm j\omega_0}$ 处,极点也设置在此附近。最终的滤波结果展示于图 6.12 中。

尽管在 1000 Hz 附近的信号成分也和噪声一起被滤除了,但人耳几乎听不出差别。只要陷波频率点设置得正确,这种简单陷波器的效果还是很好的。在实际应用中,可以根据含噪信号的频谱大致判断出单频噪声的频率值,如图 6.12(a),单频噪声会在频谱图中显示出一个尖峰,再相应地设置陷波器以滤除。

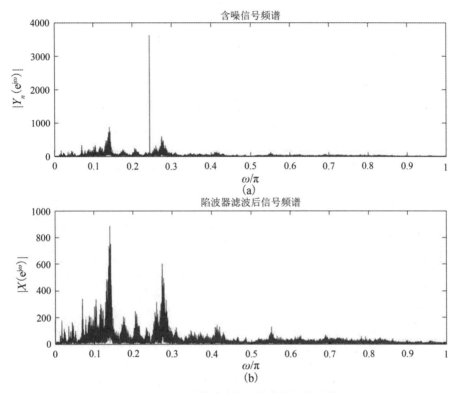

图 6.12　陷波器滤波前后的信号频谱比较

6.2.3　去除多谐波噪声

自然界中的声音往往都不是单频的,比如人声、乐器声等,都具有基频与泛音,如果信号中混入的是多谐波噪声(比如 50 Hz 的工频信号以及与 50 Hz 成整数倍的谐波分量就常常混入采集信号中),那么可以考虑使用梳状陷波器去除。梳状陷波器可以用如下系统函数实现:

$$H_1(z) = K \frac{1-z^{-N}}{1-r^N z^{-N}}, 0 \leqslant r < 1 \qquad (6.1)$$

这个系统有 N 个零点,分别为: $z = e^{\pm j \frac{2\pi k}{N}}, k = 0, 1, \cdots, N-1$。相应地有 N 个极点: $r e^{\pm j \frac{2\pi k}{N}}, k = 0, 1, \cdots, N-1$。$K$ 是调整整体系统响应幅度的常数值。

例 6.8　采用梳状陷波器去除多谐波噪声。

```
1. load handel                          % MATLAB 自带音乐
2. % soundsc(y,Fs)
```

```
3.  %
4.  f0_intf = 240;                             % 假设基频在 240 Hz
5.  k = 1:10;
6.  A = 0.6.^k;                                % 假设各阶谐波的幅度
7.  N = length(y);
8.  yn = 0.1*A*sin(f0_intf/Fs*k(:)*2*pi*[0:N-1]);   % 复合频率噪声
9.  yn = y(:)' + yn;
10. soundsc(yn,Fs)
11.
12. Nf = 2^nextpow2(N);
13. Yw = fft(yn, Nf);
14. Yw = Yw(1:Nf/2);                           % 由于频谱的对称性,故只展示 0~π 这半部分
15. w = (0:1/Nf:0.5-1/Nf)*2*pi;
16. %
17. f0_filt = 240;                             % 可调参数
18. w0 = f0_filt/Fs*2*pi;                      % 梳状陷波器的基频(第一个陷波点)
19. r = 0.99;                                  % 可调参数
20. N_filter = round(2*pi/w0);
21. K = 1;
22. b = zeros(1, N_filter+1);
23. b(1) = K; b(end) = -K;
24. a = zeros(1, N_filter+1);
25. a(1) = 1; a(end) = -r^N_filter;
26. [Hw, ww] = freqz(b,a,1e5);
27.
28. figure, set(gcf, 'Position', [100 200 250 250]);
29. zplane(b, a); title('梳状陷波器的零极点')
30.
31. xn = filter(b, a, yn);
32. % soundsc(xn, Fs)
33.
34. Xw = fft(xn, Nf);
35. Xw = Xw(1:Nf/2);
36. figure, subplot(311); plot(ww/pi, abs(Hw),'k','linewidth',2);
37. ylim([0, max(abs(Hw))]); title('梳状陷波器的幅频响应')
38. xlabel('\omega/\pi'); ylabel('|H(e^{j\omega})|');
39. subplot(312); plot(w/pi, abs(Yw)); title('含噪信号频谱')
40. ylim([0, max(abs(Yw))]);
41. xlabel('\omega/\pi'); ylabel('|Y_n(e^{j\omega})|');
42. subplot(313); plot(w/pi, abs(Xw)); title('梳状陷波器滤波后信号频谱')
43. xlabel('\omega/\pi'); ylabel('|X(e^{j\omega})|');
44. ylim([0, max(abs(Xw))]);
```

在这段代码中,我们模拟了一个复合频率噪声(第 4~8 行代码),其基频在 240 Hz,且包含一系列泛音成分,大家可以听一下效果如何。

为了去除这个谐波噪声,式(6.1)所代表的梳状陷波器的零点应该位于 240 Hz 及其整数倍的频率点上,也就是说:$\dfrac{2\pi}{N}=\dfrac{2\pi\times240}{F_s}$,于是 $N=\dfrac{F_s}{240}\approx34$,即滤波器的阶数可设为 34 阶。

这个梳状陷波器的零极点分布图如图 6.13 所示,其幅频响应以及滤波前后的信号频谱如图 6.14 所示。大家可以取消第 32 行代码的注释符,听听滤波后音频信号效果如何。

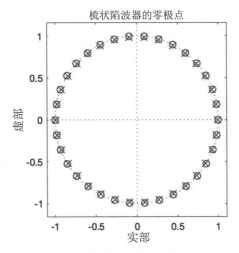

图 6.13　梳状陷波器的零极点图

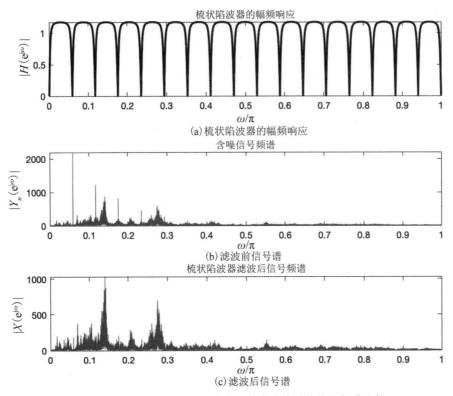

(a)梳状陷波器的幅频响应

(b)滤波前信号谱

(c)滤波后信号谱

图 6.14　梳状陷波器的幅频响应及其滤波前后的信号频谱比较

大家还可适当调整参数 r,r 越接近于 1,则梳状陷波器的频率选择性越强;反之,r 越小(越接近于 0),则滤除的频率成分越多,对信号的破坏也会越大。

不过这个方法的问题在于,如果 $\frac{2\pi}{\omega_0}$(ω_0 是噪声基频,数字频率)不是整数,则无法在保持信号不受损的情况下干净地去除多谐波噪声。

6.2.4 实现回声音效

自然界中的回声是声音遇到障碍物后被反向弹回,再与原声波信号进行叠加的结果。最简单的回声音效,可以由信号进行一定时延之后,与自身叠加而形成。比如:

$$y(n)=x(n)+ax(n-\delta_n) \tag{6.2}$$

其中 δ_n 是延迟点数,如果采样频率为 F_s,则对应于 $\frac{\delta_n}{F_s}$ s 的延迟时间;a 是一个缩放因子,一般在 $[-1,1]$ 之间。

例 6.9 采用式(6.2)产生回声音效。

```
1. fname = 'speech_dft. wav';
2. [x,Fs] = audioread(fname);
3. [N, M] = size(x);
4. % ------------------------------
5. % delay time < 15ms :flanger
6. % 10ms < delay time < 25ms :chorus
7. % 25ms < delay time < V50ms :echo
8. % delay time > 50ms :delay
9. % ------------------------------
10. % delay echo
11. delta_t = 30e-3;                    % 延迟时间设为 30 ms
12. delta_n = floor(delta_t*Fs);        % 对应于 30 ms 的延时点数
13. x1 = [zeros(delta_n,M); x];         % 延迟 delta_n 个点,相当于前端补 delta_n 个 0
14. y = x + x1(1:N,:);                  % 处理之后的声音
15. soundsc([x; y],Fs);                 % 连续播放处理前、后的声音
```

上面这段代码中使用的音频文件 speech_dft. wav 是 MATLAB 的 DSP toolbox 自带的文件,大家也可以用自己的文件代替。产生的音效输出使用了式(6.2)函数(第 13～14 行代码)。最后我们将原音频与处理后的音频拼接在一起连续播放,更容易感受到这种回声音效。在实际处理时,不同的延迟时间将产生不同的音效,在第 5～8 行注释的部分列出了几类不同的音效对应的延迟时间,可以通过将第 11 行代码中延迟时间设置为相应的大小尝试得到不同的音效。

另外,式(6.2)差分方程描述的系统对应着一个 FIR 滤波器:

$$H(z)=1+z^{-\delta_n} \tag{6.3}$$

于是这个音效生成过程也可以用另一种方式实现。比如,可将例 6.9 中的第 13～14 行代码替换成:

```
b = zeros(1,delta_n+1);
b(1) = 1; b(end) = 1;
y = filter(b,1,x);
```

作　业

1. 例 6.1、例 6.2 生成的几个滤波器的幅频响应各有什么特点？请根据这些结果讨论一下零极点的作用。

2. 画出例 6.7 中的陷波器的幅频响应特性。改变 r 与 w0 两个参数，说明这两个参数对陷波器幅频响应特性的影响。

3. 画出例 6.8 中的梳状陷波器的幅频响应特性。改变 r 与 f0_filt 两个参数，通过具体例子说明这两个参数对陷波器幅频响应特性的影响。

4. 设计一个谐振器，并选择一小段音频，展示滤波结果（需要画图展示频域中的比较结果）。数字谐振器的系统函数如下：

$$H(z) = \frac{K(1-z^{-2})}{1-2r\cos(\omega_0)z^{-1}+r^2z^{-2}} \tag{6.4}$$

其中 r 是一个 $(0,1)$ 之间的数，ω_0 是谐振频率点（数字频率），K 是控制整体幅度的常数。

5. 梳状谐振器的系统函数如下：

$$H(z) = \frac{1-r^N}{2} \cdot \frac{1+z^{-N}}{1-r^Nz^{-N}} \tag{6.5}$$

其中 r 是一个 $[0,1)$ 之间的数，N 由谐振频率点而定，你可以任选一个 N，从 $H(z)$ 的幅频响应（或零极点图）中观察其对应的谐振频率点是多少。

6. 请选择一小段音频，利用例 6.9 的代码，调整不同的延迟时间（至少选择三个不同的延迟时间），比较一下不同的效果，并且画出它们对应的系统 $H(z)$ 的频率响应特性，以及输入、输出信号的频谱。

 附加题

自然界中的回声相比于原信号，除了有延迟，还会经过一个"滤波"过程，因为各种回声并不是无损地被反弹回来的。因此，想仿真一个更复杂的回音效果，可以用：

$$y(n) = x(n) + x(n) * h_1(n) \tag{6.6}$$

其中，$*$ 是卷积，$h_1(n)$ 是一个特殊的滤波器，既有幅度调制又有相位调制的作用。请从本节课上选用一种滤波器（或多种滤波器的串并联），尝试设计一种混合音效。

推荐：梳状滤波器（梳状谐振器）常被用于回声音效的生成，比如：$H_1(z) = \dfrac{1}{1-0.8z^{-M}}$。

其中 M 可选择为 "M = round(30e-3 * Fs)"，即代表一个 30 ms 的延迟。

实验 7 数字滤波器的设计与应用

 本实验相关的 MATLAB 函数：fvtool，filterDesigner（老版本 MATLAB 中用 fdatool），butter，fir1

在实验 6 中，我们设计了一系列简单的一阶、二阶滤波器，完成低通、高通、带通、带阻的功能。但从实现效果上可以看出，简单的低阶滤波器很难实现通带平整、阻带衰减大、过渡带窄等性能，因此在实际应用时常需要用一些成熟的方法设计高阶滤波器。本实验中，我们将借助 MATLAB 的工具箱来设计滤波器。在开始本实验之前，请大家先仔细阅读 MATLAB 帮助文档中关于"Filter Design"的内容。

7.1 IIR 滤波器的设计

在本节中，我们以巴特沃斯（Butterworth）滤波器为例介绍数字 IIR 滤波器的设计过程，关于其他类型的滤波器（切比雪夫、椭圆滤波器等）请自行查阅资料。

7.1.1 按给定阶数、截止频率等参数设计特定类型的滤波器

若已知数字滤波器的阶数 N 与通带截止频率 ω_c（3 dB 截止频率），可直接应用 butter 函数设计巴特沃斯数字低通滤波器。大家可以用 open butter 看一下这个函数的编写方式，该函数采用的是双线性变换法设计数字滤波器（包括低通、高通、带通、带阻），大概经过 5 步：

第 1 步：采用频率预畸，把设计指标 ω_c（数字域的 3 dB 截止频率）转换为模拟域的设计指标 $\Omega_c = \dfrac{2}{T} \tan \dfrac{\omega_c}{2}$，其中 T 可以设置为任意值，在 MATLAB 中设置为 0.5。

第 2 步：进行频带变换，将 Ω_c 转变成模拟低通滤波器的设计指标 ω_c。

第 3 步：根据输入的阶数 N 设计一个 N 阶归一化的巴特沃斯模拟低通滤波器 $H_n(s)$。

第 4 步：利用频带变换，将 $H_n(s)$ 转换为满足设计指标 Ω_c 要求的模拟滤波器（根据要求为低通、高通、带通或带阻）$H_a(s)$。

第 5 步：利用双线性变换，将 $H_a(s)$ 转变成数字滤波器 $H(z)$。

从第 3 步可以看出，输入的 N 事实上是中间设计过程中产生的巴特沃斯模拟低通滤

波器的阶数。而在频带变换过程中,由模拟域 s 到数字域 z 可能产生阶数的不同,具体而言,如果模拟低通滤波器是 N 阶,第 4 步产生的模拟低通、高通滤波器也会是 N 阶,对应的数字低通、高通滤波器 $H(z)$ 也是 N 阶;但带通、带阻滤波器将是 $2N$ 阶,对应的数字带通、带阻滤波器 $H(z)$ 也是 $2N$ 阶。

例 7.1 设计一个 10 阶巴特沃斯型数字低通滤波器,通带截止频率 $\omega_c = 0.3\pi$。

```
1. N = 10;
2. wc = 0. 3*pi;
3.
4. [b, a] = butter(N, wc/pi);          % 得到滤波器的参数
5.
6. [H, w] = freqz(b,a);
7. H_dB = 20*log10(abs(H)/max(abs(H)));
8. figure, subplot(211);plot(w/pi, abs(H)/max(abs(H)),'k','linewidth',1); grid on;
9. xlabel('\ omega\ pi')
10. ylabel('| H(e^{j\ omega}| ')
11. title(['巴特沃斯数字低通滤波器 (', num2str(N),' 阶)'])
12. subplot(212);plot(w/pi, H_dB,'k','linewidth',1); grid on;
13. xlabel('\ omega\ pi')
14. ylabel('dB')
15. set(gcf, 'Position', [400 400 400 300]);
```

第 4 行代码在 butter 函数中输入滤波器的阶数与 3 dB 截止频率,即可得到滤波器分子、分母多项式的系数。从工作区内可以看到,a 与 b 长度均为 11,对应于 10 阶的 IIR 滤波器。得到的滤波器幅频响应特性如图 7.1 所示。

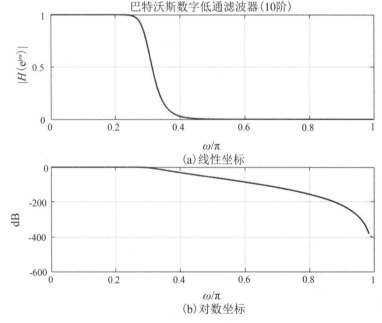

图 7.1 巴特沃斯型数字低通滤波器幅频响应

例 7.2 设计一个 10 阶巴特沃斯型数字带阻滤波器,两侧通带截止频率 ω_c 分别为 0.3π 与 0.5π。

```
1. N = 5;
2. wc = [0. 3*pi, 0. 8*pi];
3.
4. [b, a] = butter(N, wc/pi, 'stop');        % 得到滤波器的参数
5.
6. [H, w] = freqz(b,a);
7. H_dB = 20*log10(abs(H)/max(abs(H)));
8. figure, subplot(211);plot(w/pi, abs(H)/max(abs(H)),'k','linewidth',1); grid on;
9. xlabel('\ omega/\ pi')
10. ylabel('| H(e^{j\ omega}| ')
11. title(['巴特沃斯数字带阻滤波器 (', num2str(2*N),' 阶)'])
12. subplot(212);plot(w/pi, H_dB,'k','linewidth',1); grid on;
13. xlabel('\ omega/\ pi')
14. ylabel('dB')
15. set(gcf, 'Position', [400 400 400 300]);
```

第 4 行代码在 butter 函数中输入滤波器的阶数、3 dB 截止频率以及滤波器类型,即可得到滤波器分子、分母多项式的系数。需要注意的是,输入的滤波器阶数 N 是希望得到的实际数字带阻滤波器阶数的一半,即 $N=5$。从工作区内可以看到,a 与 b 长度均为 11,对应于 10 阶的 IIR 滤波器。得到的滤波器幅频响应特性如图 7.2 所示。

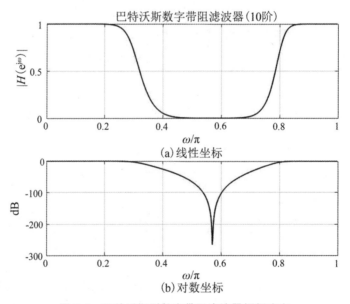

图 7.2 巴特沃斯型数字带阻滤波器幅频响应

对于高通或带通的滤波器设计方法类似,如有疑问可以参阅 MATLAB 的帮助文档。需要特别注意的是,对于 IIR 滤波器而言,阶数 N 一般不能选择过大,过大的 N(比如 $N=50$)会因为量化误差导致滤波器不稳定。

另外,在得到滤波器的参数 b、a 后,还可以通过 fvtool 对滤波器的性能进行更全面的

分析:"fvtool(b,a);",大家可以自行尝试。

7.1.2 采用集成工具设计

很多时候,我们可能只有模拟域的技术指标(比如以 Hz 为单位的截止频率,通带衰减R_p、阻带衰减A_s 等参数),这时设计数字滤波器的大概步骤是:

第 1 步:根据给定的模拟域技术指标,确定数字滤波器的阶数与 3dB 截止频率(使用函数 buttord);

第 2 步:根据阶数与 3dB 截止频率,利用 butter,直接得到滤波器的分子、分母参数(b 与 a),或者零极点与增益。

如果不是很确定通带衰减、阻带衰减的含义,还可以采用 MATLAB 的集成工具来实现滤波器的设计。MATLAB 给用户提供了很直观的滤波器设计工具,其中有:

(1) 滤波器设计界面:filterBuilder(对应于一些老版本中的 filterbuilder),filterDesigner(对应于一些老版本中的 fdatool)。

(2) 滤波器性能分析:fvtool。

(3) 整个滤波过程的集成:sptool(或一些新版本中的 signalAnalyzer)。

(4) 本次实验主要用 filterDesigner(或 fdatool)完成滤波器设计。

例 7.3 设计一个巴特沃斯型数字低通滤波器。通带截止频率 $f_p = 1$ kHz,阻带截止频率 $f_{st} = 1.5$ kHz,通带衰减$R_p = 1$ dB,阻带衰减$A_s = 15$ dB,抽样频率 $F_s = 10$ kHz。

用 filterDesigner 或者 fdatool 完成这道题,设计界面如图 7.3 所示。

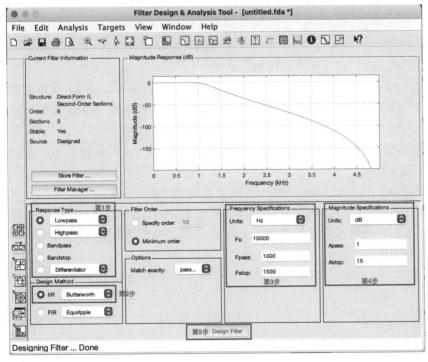

图 7.3 巴特沃斯型数字低通滤波器设计(fdatool 界面)

另外,例 7.3 也可以通过代码来完成,代码如下:

```
1.  Fs = 1e4;
2.  wp = 1e3/Fs*2*pi;
3.  ws = 1. 5e3/Fs*2*pi;
4.  Rp = 1;
5.  As = 15;
6.
7.  [N, wc] = buttord(wp/pi, ws/pi, Rp, As);      % 得到滤波器的阶次与截止频率
8.  [b, a] = butter(N, wc);                       % 得到滤波器的参数
9.
10. [H, w] = freqz(b,a);
11. figure, plot(w/pi, abs(H), 'k', 'linewidth', 1); grid on;
12. xlabel('\ omega\ pi')
13. ylabel('dB')
14. title(['巴特沃斯数字低通滤波器 (', num2str(N),' 阶)'])
```

大家可以验证一下这两种方法得到的滤波器阶数是否一致。

7.2　数字 FIR 滤波器的设计

7.2.1　采用 fir1 函数设计

采用窗函数法设计数字 FIR 滤波器,大概有以下五个步骤:

第 1 步:根据待设计的滤波器类型(低通、高通、带通或带阻),线性相位类型(一般为第一类线性相位,即满足 $h(n)$ 偶对称),以及数字域的指标 ω_c 得到理想的频域响应 $H_d(e^{j\omega})$。

第 2 步:由理想的频域响应 $H_d(e^{j\omega})$ 得到理想的时域冲激响应 $h_d(n)$。在这步产生的 $h_d(n)$ 可用公式解析表示,但为无限长序列。

第 3 步:若给定了窗函数的类型以及滤波器长度 N,跳到第 4 步;否则,可根据数字滤波器的指标——最小阻带衰减和过渡带带宽,查表得出窗函数的类型并计算得到滤波器长度 N。

第 4 步:在给定窗函数类型以及滤波器长度 N 的情况下,由窗函数公式生成长度为 N 的窗函数序列 $w(n)$。

第 5 步:由 $h(n)=h_d(n)w(n)$ 得到 FIR 滤波器的单位冲激响应。

在已知滤波器阶数(或长度)与截止频率的情况下,可利用 MATLAB 信号处理工具箱给出的 fir1 来用窗函数法设计线性相位 FIR 滤波器。当选择不同的窗函数时,滤波器的性能会有所不同。

例 7.4　设计一个长度为 8(对应阶数为 7),截止频率为 0.2π 的低通线性相位 FIR 滤波器。

```
1.  N = 8;                              % 长度为 N
2.  wc = 0. 2*pi;
3.
4.  win1 = rectwin(N);                  % N 点的矩形窗
```

```
5.  b1 = fir1(N-1, wc/pi, win1);          % FIR 低通滤波器
6.  [H1, w1] = freqz(b1, 1);
7.
8.  win2 = blackman(N);                    % N 点的 blackman 窗
9.  b2 = fir1(N-1, wc/pi, win2);           % FIR 低通滤波器
10. [H2, w2] = freqz(b2, 1);
11.
12. figure, subplot(211);
13. plot(w1/pi, 20*log10(abs(H1)),'k','linewidth',1); grid on;
14. xlabel('\ omega/\ pi')
15. ylabel('dB')
16. legend(['矩形窗 FIR：', num2str(N-1),' 阶']); legend('boxoff');
17. subplot(212);
18. plot(w2/pi, 20*log10(abs(H2)),'k','linewidth',1); grid on;
19. xlabel('\ omega/\ pi')
20. ylabel('dB')
21. legend(['Blackman 窗 FIR：', num2str(N-1),' 阶']); legend('boxoff');
```

在选择不同的窗函数时，得到的 FIR 滤波器性能可能会有较大差别，在图 7.4 中展示了两个 7 阶 FIR 滤波器的幅频响应曲线。用矩形窗函数生成的滤波器过渡带较窄，但旁瓣振荡比较大。

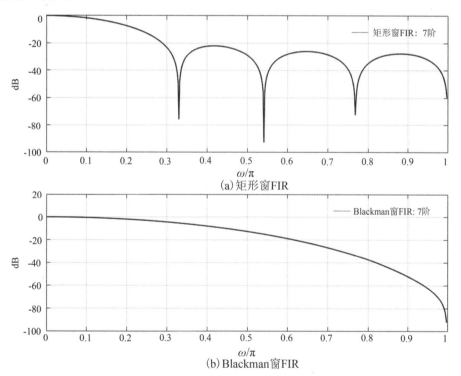

图 7.4　数字 FIR 低通滤波器幅频响应

例 7.5　设计一个长度为 21，通带截止频率为 0.4π 与 0.6π 的带通线性相位 FIR 滤波器。

```
1.  clear all; close all;
2.  N = 21;
3.  wc1 = 0. 4*pi;
4.  wc2 = 0. 6*pi;
5.
6.  win1 = rectwin(N);                              % N 点的矩形窗
7.  b1 = fir1(N-1, [wc1,wc2]/pi,'bandpass', win1);   % FIR 带通滤波器
8.  [H1, w1] = freqz(b1, 1);
9.
10. win2 = blackman(N);                             % N 点的 blackman 窗
11. b2 = fir1(N-1, [wc1,wc2]/pi, 'bandpass', win2);  % FIR 带通滤波器
12. [H2, w2] = freqz(b2, 1);
13.
14. figure, subplot(211);
15. plot(w1/pi, 20*log10(abs(H1)),'k','linewidth',1); grid on;
16. xlabel('\ omega/\ pi')
17. ylabel('dB')
18. legend(['矩 形 窗 FIR：', num2str(length(b1)-1),' 阶 ']); legend('boxoff');
19. subplot(212);
20. plot(w2/pi, 20*log10(abs(H2)),'k','linewidth',1); grid on;
21. xlabel('\ omega/\ pi')
22. ylabel('dB')
23. legend(['Blackman 窗 FIR：', num2str(length(b2)-1),' 阶 ']); legend('boxoff');
```

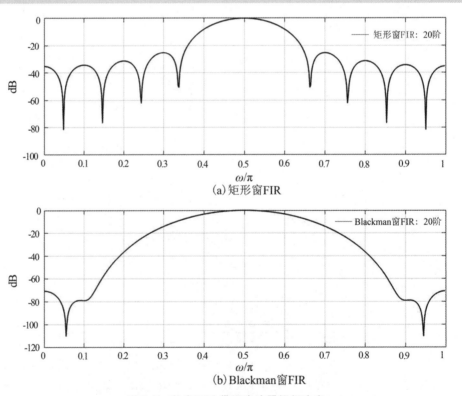

(a) 矩形窗FIR

(b) Blackman窗FIR

图 7.5　数字 FIR 带通滤波器幅频响应

MATLAB 中给出的窗函数还有很多种，大家可以看看帮助文档中给出的说明以进行选择。

7.2.2　采用集成工具设计

下面用 Filter Designer 或者 fdatool 完成例 7.4 中的矩形窗 FIR 滤波器,设计界面如图 7.6 所示(注意方框中的参数)。

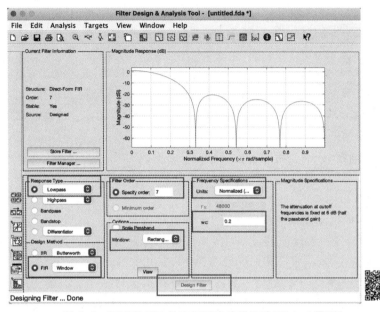

图 7.6　矩形窗 FIR 数字低通滤波器设计(fdatool 界面)

用 Filter Designer 完成例 7.5 中的矩形窗 FIR 滤波器,设计界面如图 7.7 所示(注意红框中的参数)。

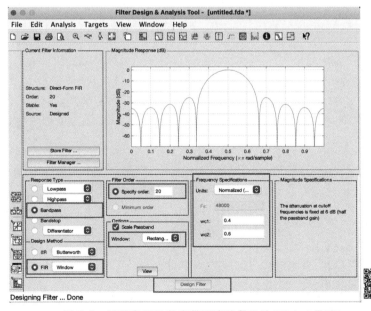

图 7.7　矩形窗 FIR 数字带通滤波器设计(fdatool 界面)

作 业

1. 使用 Filter Designer 或者 fdatool 实现一个数字巴特沃斯带通滤波器,其抽样频率为 $f_s = 25$ kHz,通带截止频率为 $f_{p_1} = 5$ kHz,$f_{p_2} = 7$ kHz,通带衰减为 $R_p = 0.5$ dB,阻带截止频率为 $f_{st_1} = 3.5$ kHz,$f_{st_2} = 8.5$ kHz,阻带衰减为 $A_s = 45$ dB。请截图显示你的设计界面,并说明你的滤波器有多少阶? 展示其幅频响应特性、零极点图以及单位冲激响应。

2. 将第 1 题所生成的滤波器保存(保存成一个 MATLAB 函数或者 workspace 中的变量,可以在 GUI 界面的 File→export 中进行设置),设计一个输入信号,利用前面生成的滤波器处理该输入信号。展示输入、输出的结果(时域、频域),分析滤波器的性能是否达到预期效果。

3. 采用 fir1 函数,分别使用矩形窗、Hamming 窗、三角形窗(Triangular)形成长度为 20、截止频率为 0.25π 的 FIR 低通滤波器,展示它们的频率响应(包括幅频响应与相频响应),以及单位冲激序列。

4. 同第 3 题,但把滤波器的长度改为 1000,其他条件不变。比较一下第 4 题结果与第 3 题结果的不同,谈一谈滤波器长度对其实际应用的影响。

5. 找一段音频信号 x,假设其采样频率为 F_s,在其中混入一个单频的干扰信号(频率不超过 $F_s/4$),假设这个带干扰的信号为 x_{noise}。现在拟设计一个滤波器去除 x_{noise} 中的单频干扰,并且希望在去除干扰的同时能让 x 保留得越完整越好。请大家采用 Filter Designer,自行调整设计参数和指标,完成以下几步:

(1) 实现一个 IIR 滤波器以完成任务,展示你的设计页面(包括参数以及滤波器的幅频响应)。并将 x_{noise} 输入滤波器后所得的结果 y 展示出来,比较 x_{noise} 与 y 的频谱图。

(2) 实现一个 FIR 滤波器以完成任务,要求与(1)相同。

(3) 结合这道题简单谈一谈 IIR 与 FIR 在实际应用中的优缺点。

 附加题

用 Filter Designer 设计一个非四大类(低通、高通、带通、带阻)的滤波器(最好绕过陷波器 notch 与谐振器 peak),查一查这种滤波器的应用场合,并给一个例子验证你设计的滤波器的效果。

第二部分 图像处理实践

在第一部分中,我们聚焦于数字信号处理的实践,主要针对一维时序信号的处理方法进行了尝试。现在,我们将迈入第二部分,将处理的对象从一维升级至二维,进一步实践数字图像处理的基本方法和技术。图像处理作为数字信号处理的重要领域,涵盖了多种有趣的问题和实际应用。在第二部分中,我们将一同探索图像的世界,学习和应用图像处理的关键概念和方法。本部分的实验内容主要包括九个方面。

1. 图像类型与基本操作:了解不同类型的图像及其基本操作。

2. 图像的运算:学习图像的基本运算,如加法、减法、乘法等,以及旋转、放缩、平移。

3. 图像的变换:探索图像的变换技术,包括傅里叶变换、Radon 变换等,并尝试它们的有趣应用。

4. 图像的增强与调整:学习通过点处理技术对图像进行增强和调整,提高图像质量,改善视觉效果。

5. 图像的滤波:研究图像的不同滤波方式,包括空域滤波与频域滤波,并讨论低通与高通滤波器的实际作用。

6. 降采样与升采样:探索数字图像的采样操作,了解降采样和升采样对图像质量和分辨率的影响。

7. 图像去噪:学习图像去噪的基本方法,包括空域去噪、频域去噪和一些非线性滤波技术。

8. 图像去模糊:学习图像去模糊的方法,实践基本的逆滤波操作、维纳滤波,以及涉及模糊核估计的盲复原技术。

9. 图像压缩:了解图像降维的原理和方法,学习基于 DCT 的压缩、矢量量化、主成分分析等方法。

通过这些实验,本书旨在帮助读者深入理解"数字图像处理"课程所教授的基础理论,提高实践技能,培养对图像处理领域的学习兴趣和应用能力。希望读者们能从课程所展示实例中直观体会到各种算法的效果,并更深入理解图像的属性。

实验 8　MATLAB 对图像的基本操作

这次实验将围绕着几种不同类型的图像展开,介绍图像的读取、展示、简单的生成以及保存。

8.1　读取图像

读取 .jpg,.bmp,.tif 等格式的图像可以用 imread 函数,而展示图像可以用 imshow 函数。图像类型有二值图、灰度图、RGB 图像、索引图等。

8.1.1　二值图像

二值图中,图像的像素点只有两种可能的值:0 或 1。

```
I= imread('circbw. tif');            % matlab 自带图像
```

图像 circbw. tif 被读入了一个变量名为 **I** 的数据矩阵,请看一下图 8.1 中 workspace 里的变量 **I** 的维度是多少？ 或者可以用 whos 函数观察:

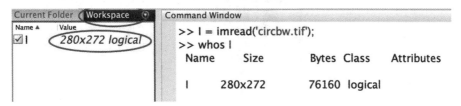

图 8.1　观察工作区及命令窗口的界面

可以看到 **I** 的 size 是 280×272,也就是说,这张图像宽为 272(272 列),高为 280(280行)。总共占 76160 字节,每个像素点用 logical(即逻辑类型)的格式表示,0(false)代表黑色,1(true)代表白色。而大家也可以多留意图 8.1 中红线圈出的工作区,在 Value 标签下也会标出变量的维度及数据格式。

可以用 imshow 将 **I** 画出来,也可以用～**I** 得到其反色图像,如图 8.2 所示。

```
figure,
subplot(121); imshow(I); title('原图');
subplot(122); imshow(~I); title('反色图');
```

原图　　　　　　　　　反色图

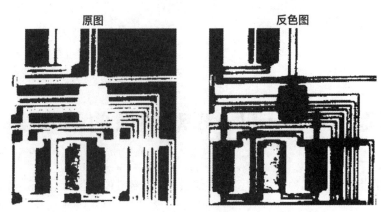

图 8.2　二值图展示

除了 imshow 以外，大家还可以尝试一下 image 与 imagesc 两个函数，这两个函数可以将一个二值图像展示成"伪彩色"：

```
figure, imagesc(I); colorbar;
```

其中 colorbar 表示添加色度条，一般出现在图像右边，展示了矩阵中不同的值对应的色彩。从图 8.3 可以看到，黄色对应的是数值 1，深蓝色对应的是数值 0。

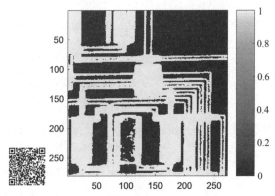

图 8.3　二值图的伪彩色展示

还可以选择不同的 colormap（调色板），把 I 中的元素值映射成不同的颜色：

```
figure, imagesc(I); colormap winter; colorbar;
```

关于不同的调色板信息，大家可以看一下帮助文档——doc colormap，以了解更多的信息。

8.1.2　灰度图

灰度图的信息比二值图更丰富一些，每个像素不仅仅是非 0 即 1（非黑即白）的。

```
I= imread('circuit. tif);
```

图像 circuit. tif 被读入了一个变量名为 I 的数据矩阵，请看一下 workspace 里的变量

I 的维度是多少? 或者可以用 whos 函数观察:

```
>> whos I
    Name            Size                  Bytes    Class      Attributes

    I               280×272               76160    uint8
```

可以看到 I 的 size 是 280×272,也就是说,这张图像宽为 272(272 列),高为 280(280 行)。总共占 76160 字节,每个像素点用 uint8(即无符号 8 bits 的整数)的格式表示,每个像素点上的最小值为 0,最大值为 $2^8 - 1 = 255$,总共 256 个整数,代表着 256 个灰度级。大家可以用 $\min(I(:))$ 与 $\max(I(:))$ 验证一下是不是如此。在 MATLAB 中,如果数据矩阵是整数(而非浮点数)的形式,则 0 代表着黑色,255 代表着白色。

我们可以用 imshow 将 I 画出来,还可以尝试着用 $255 - I$ 代替上面代码中的 I,看一看反色后图像的效果,如图 8.4 所示。

```
I= imread('circuit. tif');
figure,
subplot(121); imshow(I); title('原图');
subplot(122); imshow(255-I); title('反色图');
```

(a)原图　　　　　　　　　　(b)反色图

图 8.4　灰度图展示

在使用 imshow 函数时,必须小心输入的数据矩阵 I 的格式,如果是 uint8 的格式,即 8 位无符号二进制整数,则 imshow 显示时会将 I 中小于等于 0 的那些像素值显示为黑色,大于等于 255 的显示为白色,中间的整数依大小定强度。但若 I 是双精度浮点数,则 imshow 显示时会默认 I 中等于 0 的那些像素值显示为黑色,大于等于 1 的显示为白色。大家可以试试看:

```
I_d= double(I);          % 将整数 I 转变成 double 的形式保存,元素值保持不变
figure, imshow(I_d);
```

这时会展示出一张全白色的图片。这是因为矩阵 I 中所有大于等于 1 的像素点全被展示成了白色,只有完全等于 0 的像素点才展示成黑色,而原矩阵 I 中并没有处于 $0 < x < 1$ 范围内的像素点。因此,在展示一个元素值超出 $[0, 1]$ 范围的浮点数矩阵时,上面这种在默

认设置下直接调用 imshow 的方式是无效的。

为了正常显示,最简单的做法是用"imshow(I_d,[])",后面添加的[]将使 imshow 自动探测数据矩阵中的最大值与最小值,并将最大值显示为白色,最小值显示为黑色。当然,你也可以通过将 I_d 归一化至[0,1]区间来得到合理的展示结果,归一化示例如下:

```
I_d0= I_d-min(I_d(:));          % 令 I_d0 中最小值为 0
I_d0= I_d0/max(I_d0(:));        % 令 I_d0 中最大值为 1
```

除了 imshow 之外,大家也可以尝试一下 image 与 imagesc 两个函数,配合合适的 colormap,将灰度图展示成"伪彩色",比如:

```
figure, imagesc(I); colormap winter; colorbar;
```

8.1.3 RGB 图像

RGB 图的信息比灰度图、二值图更丰富,每个像素都被表示成 R\G\B 三原色的组合。

```
I= imread('pears. png');
```

图像 pears. png 被读入了一个变量名为 **I** 的数据矩阵,可以用 whos 函数观察 **I** 的维度:

```
> >  whos I
   Name        Size                  Bytes   Class    Attributes

   I           486×732×3             1067256 uint8
```

可以看到 **I** 的 size 是 486×732×3,也就是说,这张图像宽为 732(732 行),高为 486 (486 行),而 3 表示 **I** 有三个色彩通道,依次是 R(red)、G(green)、B(blue)。也就是图像上的每个像素点都用三个字节来表示颜色,总共可显示出的颜色数是:$2^8 \times 2^8 \times 2^8 = 2^{24}$,所以这类图像又被称为"24 位真彩色"。

所以要判断一个图片是不是 RGB 图像,只需要看它的维度数:

```
if size(I,3) > 1               % 通道数是否大于 1
   disp('I is a RGB image');
else
   disp('I is not a RGB image');
end
```

图像如果只有 1 个通道,就肯定不是 RGB 图像,但这并不意味着它肯定不是彩图,请看下一小节的索引图像。

同样,除了 imshow 之外,RGB 图像也可以用 image 或 imagesc 两个函数展示,只不过与灰度图或二值图不同的是,现在 image 或 imagesc 展示出的是真实的色彩,无法通过改变 colormap 而进行不同显示。

8.1.4　索引图像

索引图(indexed color image)也是一种彩图,可以看成是 RGB 的一种。

```
[I, map] = imread('corn. tif);
```

上面这句代码的意思是图像 corn. tif 被读入了一个变量名为 **I** 的数据矩阵,而 map 是对应的 RGB 调色板。请看一下 workspace 里的变量 **I**：

```
> >  whos I
  Name        Size              Bytes  Class      Attributes

  I           415×312           129480 uint8
```

可以看到 **I** 的 size 是 $415×312$,也就是说,这张图像宽为 312(312 列),高为 415(415 行)。每个像素点用 uint8(即代表着 8 bits 的无符号整数)的格式表示,所以每个像素点上的最小值为 0,最大值为 $2^8-1=255$。如果比较 **I** 这个矩阵,你大概会觉得它与 1.1.2 节介绍的灰度图并没有不同。但如果按灰度图的画法将它画出来：

```
figure, imshow(I)
```

则会得到一张奇怪的图像,见图 8.5。

图 8.5　索引图的无效展示

这张图好像有点杂乱无章,很难看清图上画的到底是什么。如果你画出这样的"灰度图",就得仔细想想是否哪儿出错了。之所以产生这种问题,根本原因是数据矩阵 **I** 中各元素的值并不是代表灰度值。我们再来看一下 imread 读出的第二个参量 map：

```
> >  whos map
  Name        Size              Bytes  Class      Attributes

  map         256×3             6144   double
```

map 的 size 是 $256×3$,这表明 corn. tif 是一张索引图,map 是其 RGB 调色板(或颜色映射矩阵),有 256 行说明图中总共有 256 种颜色,每种颜色都用 $1×3$ 维向量表示,分别对应着 R (red)、G (green)、B (blue)三个色彩通道的强度。

也就是说,corn. tif 原本应该是一张彩图,数据矩阵 I 中每个元素代表的并不是灰度值,而是一种颜色,比如:$I(160, 280)$即第 160 行第 280 列的像素值为 18,不代表该像素是深灰色,而是代表着这个像素对应着调色板中第 18 种颜色 map(18, :),而

```
>>  map(18,:)

a ns =

    0. 6667    0. 3804    0. 1294
```

其红色通道明显强过其他两个通道,代表着这种颜色接近于红色。

所以,如果 map 不是空集,就代表着图像是索引图,正确展示索引图需要将调色板一起放入 imshow 函数中:

```
figure, imshow(I, map)
```

得到的图像如图 8.6 所示。

图 8.6　索引图的正确展示

除 imshow 外,也可以用 image 与 imagesc 两个函数展示索引图,而此时的调色板可选择索引图附带的 map,比如:

```
figure, image(I); colormap(map);
```

可见,map 这个参量对索引图而言是很重要的。

对于灰度图、RGB 图或二值图像,我们同样可以输出它们的 map 看一下。

```
[I1, map1] = imread('circuit. tif');
[I2, map2] = imread('pears. png');
```

map1 与 map2 是空集,就代表着这幅图像并不是索引图。

8.1.5　其他类型的图像数据

图像除了可能是前面提及的类型之外,也可以是 .mat 格式或其他的文件形式。有时并不能使用 imread 来读取,对于 .mat 格式的文件,我们一般采用 load 函数直接将其导入 MATLAB,比如:

```
clear all;
load('mristack. mat');
```

可以看到,工作区中多了一个名为 mristack 的变量,属性为 $256 \times 256 \times 21$ 维的 uint8 (无符号 8 位二进制数)。也就是说,这个数据矩阵中包含了 21 张灰度图像,每张图像的宽和高均为 256。

想要同时显示多图,可以使用 montage 函数,大家可以用 doc montage 看一下这个函数的帮助文档。从帮助文档中可知:若想显示 K 张 $M \times N$ 的灰度图像,应该把这些图像保存在一个 $M \times N \times 1 \times K$ 的矩阵中;若想显示 K 张 $M \times N$ 的 RGB 图像,应该把这些图像保存在一个 $M \times N \times 3 \times K$ 的矩阵中。所以我们应该先把 mristack 矩阵进行重整,比如:

```
I= reshape(mristack, [256, 256, 1, 21]);
figure,montage(I)
```

有时图像还会保存于一些 .txt 格式的文件中,或者 .img,等等,这时上述的读取方式就都无效了。大家可以自行查阅资料读取这些文件。

8.2　其他基本操作

8.2.1　类型转换

图像数据类型转换:可以用 int8(I) 把数据矩阵 I 强制化成 8 位有符号二进制整数,用 uint8(I) 把数据矩阵 I 强制化成 8 位无符号二进制整数,也可以用 double(I) 或者 im2double(I) 把数据矩阵 I 强制化成双精度浮点数,其中 double(I) 把矩阵中元素值直接变成浮点数型,而 im2double(I) 会进一步把元素值归一化到 $[0,1]$ 范围内。但要注意,将浮点数转化为整数的过程中会有量化损失,而把有符号的数转化为无符号数的时候负值将全被置 0。

图像类型的转换见表 8.1。

表 8.1　图像类型的转换

函数名	函数功能
gray2ind	将灰度图像转换成索引图
ind2gray	将索引图转换成灰度图像
ind2rgb	将索引图转换成 RGB 图像
mat2gray	将数值矩阵转换成灰度图像

函数名	函数功能
rgb2gray	将 RGB 图像转换成灰度图像
rgb2ind	将 RGB 图像转换成索引图
im2bw	将 RGB 图像、索引图、灰度图像转换成二值图像

例 8.1 转换成灰度图。

```
1. [I, map] = imread('football. jpg');        % matlab 自带图像
2. if isempty(map)                            % 非索引图
3.    if size(I, 3) == 3                       % RGB 图像
4.       disp('From RGB to gray. ');
5. X = rgb2gray(I);                            % 将 RGB 图像转换为灰度图
6. elseif size(I, 3) == 1                      % 灰度图像
7. disp('It's already gray. ');
8. X = zeros(size(I));                         % 产生一张全黑的与 I 大小一致的图像
9. else                                        % 其他类型的数据
10. disp('Not RGB, gray, or index … ');
11. end
12. else                                       % 索引图
13. disp('From index to gray. ');
14. X = ind2gray(I, map);                      % 将索引图转换为灰度图
15. end
16. figure, subplot(121); imshow(I); title('原图');
17. subplot(122); imshow(X); title('转换成灰度图');
18. set(gcf, 'Position', [100, 300, 500, 220]);
19.
```

上面这段代码给出一个示例,首先用 imread 读入图像文件,输出 I 与 map 两个参数,首先判断 map 是否空集,以判断图像文件是否是索引图;若不是索引图,则依据 I 的维数判断它是灰度图还是 RGB 彩图。再通过相应的图像类型选择合适的转换成灰度图的函数。示例文件运行结果如图 8.7 所示。

(a)原图　　　　　　　　(b)转换成灰度图

图 8.7　将彩图转成灰度图

8.2.2　图像信息显示

(1) 使用 imtool 函数可以将图像在图像工具浏览器中显示,请大家用一下这个函数,

体验一下它的功能。

```
imtool('moon. tif');
```

图 8.8　imtool 界面

　　显示结果见图 8.8，读者可以留意一下图像下方的信息，当鼠标指在图像上某个点时，下方红色框处会显示该像素对应的坐标，以及像素值。

　　（2）使用 impixel 函数可以返回选中像素或像素集的数据值，大家可以试试：

```
close all; clear all;
RGB = imread('peppers. png');
pixel1 = impixel(RGB)                % 交互式界面，用鼠标选择待观察的像素
```

　　执行上面这几行命令，在展示出的图像上可以用鼠标选择待观察的像素（可选多个），选择完毕后敲击回车，在命令窗口即展示选择像素点处对应的像素值。

　　或者也可以指定好像素点坐标后再调用 impixel 函数：

```
c = [1, 2]; r = [5, 6];              % 选择 2 个元素：第 5 行第 1 列元素，以及第 6 行第 2 列元素
pixel2= impixel(RGB, c, r)           % 非交互式
```

　　（3）使用 impixelinfo 函数可以在当前显示的图像中创建一个"像素信息工具"，用于显示鼠标光标所在像素点的信息。使用该函数之前需要先用 imshow 或 image 之类的函数显示一幅图像，比如：

```
figure, imshow(I);
impixelinfo;
```

　　如图 8.9 所示，生成图像的左下角（如方框处）将显示出鼠标所在位置的坐标及像素值。

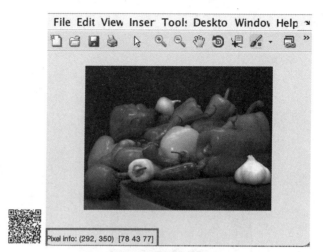

图 8.9   impixelinfo 使用界面

8.2.3   图像的保存

在 MATLAB 中,数据矩阵要保存在图像文件中,一般会使用 imwrite 函数。比如:

```
I = rand(200, 200);          %  生成一个 200×200 的随机数矩阵
figure, imshow(I);           %  展示该随机图像
imwrite(I, 'my_rand_gray. jpg');   %  将该随机数矩阵保存至 my_rand_gray. jpg 文件
```

上面展示的为保存灰度图像的方式,RGB 图像的保存方式也类似。但若需要保存的是索引图,则需要把调色板也同时保存,比如:

```
1. I = rand(200, 200, 3);      %  生成一个 200×200 的随机 RGB 图像数据矩阵
2. figure, imshow(I);          %  展示该随机图像
3. [I_ind, map] = rgb2ind(I, 256);   %  将 RGB 转换为索引图,总共有 256 种颜色
4. imwrite(I_ind, map, 'my_rand_ind. bmp');
```

值得注意的是,由于压缩算法的设置问题,jpg 文件保存的是 RGB 彩图而不保存索引图,若在上面的第 4 行代码中采用:

```
imwrite(I_ind, map, 'my_rand_ind. jpg');
```

在读取 my_rand_ind. jpg 文件时,你将会发现读到的是一张 RGB 图像,而不是索引图。

8.3   图像显示操作的常见问题

在进行图像展示时,初学者很容易遇到一些基础的小问题,在这里列出一些供大家碰到问题时参考:

(1) imshow(I)中的 I 是 uint8 时,会自动将大于等于 255 的像素设为白色(或最强色

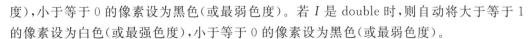

度），小于等于 0 的像素设为黑色（或最弱色度）。若 I 是 double 时，则自动将大于等于 1 的像素设为白色（或最强色度），小于等于 0 的像素设为黑色（或最弱色度）。

（2）用 imshow(I，[ ]) 可以自动检测 I 中最大、最小值范围并进行相应的自动灰度调整。但要注意，这仅仅当 I 为灰度图时才管用。

（3）如果 I 是 RGB 彩图，而其像素值超过了[0，255]的范围（若为 uint8 格式）或超出了[0，1]的范围（若为 double 格式），则 imshow(I，[ ]) 是失效的，最好进行合理的归一化操作再进行展示。比较保险的归一化方法是将 I 先变为 double 型再进行放缩，比如：

```
I = double(I); I = (I-min(I(:)))/(max(I(:))-min(I(:)));
```

另外，其他的图像显示函数都有与 imshow 类似的问题，比如 montage。因此，在图像的显示结果和你想象不同的时候，请注意检查图像矩阵的类型和数值范围，并注意归一化操作。

 作 业

1. 问题：请分别读取、展示灰度图、RGB 图、索引图各一张（与课件上不同的文件），说清楚你是从何判断它们的类型的；并展示它们的宽、高分别是多少。

> **提　示**
>
> 可以选择自己网上搜到的图片，或者 MATLAB 自带的图片，比如 cameraman.tif，大家可以用 which cameraman.tif 命令，看一下 MATLAB 的默认图片保存的文件夹路径，再到这个文件夹中去寻找合适的图片。

2. 找一幅索引图像，显示其数据矩阵和调色板的维数，画出该图像及其色度条，并进行以下操作：

（1）改动部分调色板内容后（比如：改变其中的一些颜色），显示图像，观察图像有何变化。

（2）改动数据矩阵中部分内容（比如：将一定行、列的数据置 0 或设置为其他随机整数），显示图像，观察图像有何变化。

3. 找一幅 RGB 图像，并进行以下操作：

（1）分别展示其 R、G、B 通道的子图像，可以展示成灰度图，或其他你觉得有意思的方式。

（2）将其 R 通道与 B 通道调换位置，显示这幅新的图像，并分析新图像发生了什么变化。

4. 找一幅灰度图将其转变成 double 的数据类型，再利用 imshow 将转变前后的灰度图正确展示出来。

5. 找一幅灰度图，请说明它的灰度等级是多少？将其灰度级数减少为 4，并展示降级前后的图像对比（要显示出色度条）。

> **提　示**
>
> 增加"colormap(gray(n))；"，可以选择展示 n 个灰度级数。

6. 找一幅索引图,并完成下面的任务:

(1) 将其转换为 RGB 图像(参考 ind2rgb 命令),合理展示转换前后的图像。

(2) 再将其转换为灰度图像(rgb2gray 或 ind2gray),并展示出来。

(3) 再将其转换为二值图像(im2bw),展示出来(请自行查阅 im2bw 的帮助文档)。

7. 由二维数组创建灰度图像,用伪彩色显示(imagesc 或 image),合理选择 colormap,需要展示色度条并保存。

8. 自己生成一个 RGB 图像(可参照第 8.2.3 节),显示并保存。

实验 9 图像的运算

本次实验将介绍一些简单的图像运算。

9.1 基本的像素运算

9.1.1 图像的颜色空间

对于彩图而言,除了 RGB 这种颜色模型之外,还有许多其他的颜色模型,包括 YIQ (NTSC 电视系统标准)、HSV、YCbCr 等。从上一个实验我们已经知道,用 RGB 颜色模型表示的图像数据有三个通道,分别表示红、绿、蓝三种颜色的强度。YIQ 颜色模型属于 NTSC(national television standards committee)电视系统标准,表示的图像数据同样也有三个通道,分别是 Y(代表图像亮度)、I(代表从橙色到青色的颜色变化)、Q(代表从紫色到黄绿色的颜色变化)。从 RGB 到 YIQ 颜色空间的转换公式为:

$$Y = 0.299R + 0.587G + 0.114B$$
$$I = 0.596R - 0.274G - 0.322B \tag{9.1}$$
$$Q = 0.211R - 0.523G + 0.312B$$

在 MATLAB 中使用 rgb2ntsc 函数可实现把 RGB 图像(或调色板)的三个通道值转换成 NTSC 图像(或调色板)的三个通道值(即 Y、I、Q);反过来可以用 ntsc2rgb 将 YIQ 颜色空间转换成 RGB 颜色空间。

另外,RGB 颜色模型与 HSV 颜色模型的相互转换函数是 rgb2hsv 与 hsv2rgb;其中, HSV 的三个通道分别是 H(色调)、S(饱和度)、V(明度)。RGB 颜色模型与 YCbCr 颜色模型的相互转换函数是 rgb2ycbcr 与 ycbcr2rgb;YCbCr 三通道分别是 Y(亮度)、Cb(蓝色色度)、Cr(红色色度)。在表 9.1 中总结了这几种色彩空间及其与 RGB 之间的转换函数。

表 9.1 几种常用的色彩空间及其通道含义

色彩空间	三通道含义	与 RGB 之间的转换函数
RGB	红、绿、蓝	—
YIQ	Y(亮度)、I(橙—青)、Q(紫—黄绿)	rgb2yiq, yiq2rgb
HSV	H(hue)、S(saturation)、V(value)	rgb2hsv, hsv2rgb
YCbCr	Y(亮度)、Cb(蓝色色度)、Cr(红色色度)	rgb2ycbcr, ycbcr2rgb

不过需要注意的是，采用 imshow(I) 展示图像时，若 I 是具有三通道的变量，则函数会默认 I 是 RGB 颜色模型。大家可以试试：

```
1. clear all; close all;
2. I_rgb = imread('pears. png');
3. I_ntsc = rgb2ntsc(I_rgb);
4. figure,
5. subplot(121); imshow(I_rgb); title('RGB (correct)')
6. subplot(122); imshow(I_ntsc); title('NTSC (incorrect)')
```

(a) RGB (correct)　　　　　　(b) NTSC (incorrect)

图 9.1　NTSC 制图像无效展示对比图

很显然，右边直接将 ntsc 制的数据矩阵输入 imshow 显示的方式是不正确的。如果我们想要展示一个其他颜色模式的数据矩阵，一定要转变回 RGB 模式再输入 imshow。

为了更形象地展示 YIQ 色彩空间中不同通道的含义，我们可以单独将某个通道"激活"，或将某个通道"关闭"（即简单设置为 0），看看效果。

```
1. I_ntsc_new = zeros(size(I_ntsc));
2. I_ntsc_new(:,:,1:2) = I_ntsc(:,:,1:2);            % I_ntsc_new 中保留了 Y 通道与 I 通道
3. figure, subplot(121);imshow(I_ntsc(:,:,2),[]); colormap;  % 将 I 通道单独展示成灰度图
4. title('I-channel in gray');
5. subplot(122); imshow(ntsc2rgb(I_ntsc_new));
6. title('without Q-channel');
7. set(gcf, 'Position', [100, 300, 500, 200]);
```

图 9.2(a) 是单独将 I 通道展示成一张灰度图，图中亮的部分表示 I 的强度大，即偏向于橙色；暗的部分表示 I 的强度小，偏向于青色。使用这种展示方式可以定位特定的颜色成分。

(a) I-channel in gray　　　　　　(b) without Q-channel

图 9.2　NTSC 制图像的不同通道含义

图 9.2(b)是将原图中的 I 通道与 Y 通道保留,而去掉 Q 通道(置 0),再转成 RGB 图像展示出来的结果,在这幅图中,紫色至黄绿色这一段的色彩被去除掉了,图片中原本青色的梨子变得灰暗。

同样的方法,大家可以尝试将 I 通道去除,仅保留 Y 与 Q 通道的信息,再看看效果如何。当然,你也可以将 Y 通道置 0,但由于它代表着亮度通道,一旦置 0 便会使图像变得很暗,难以辨认。

通过颜色通道的变换,我们可以提取出图像的亮度信息单独进行处理。比如:YCbCr 色彩模式中的 Y 通道、NTSC 色彩模式中的 Y 通道、HSV 色彩模式中的 V 通道,都代表亮度信息,提取出的亮度信息也可以视为将彩图转换成的一种灰度图。大家也可以比较一下用这三种方法提取出的亮度通道,与用 rgb2gray 将彩图转化的灰度图有何不同。

9.1.2　图像的代数运算

(1)采用函数。

将两张图像相加可以采用 imadd 函数,比如:

例 9.1　两幅图像相加。

```
1. I = imread('rice. png');
2. J = imread('cameraman. tif');
3. K = imadd(I,J);
4. figure, subplot(131); imshow(I); title('图片1');
5. subplot(132); imshow(J); title('图片2');
6. subplot(133); imshow(K); title('imadd 叠加');
7. set(gcf, 'Position', [100, 300, 700, 200]);
```

(a)图片1　　　　　　　(b)图片2　　　　　　　(c)imadd叠加

图 9.3　两幅图像相加(有溢出)

但在将两幅图像相加之前,一定要确保这两幅图像具有相同的大小和数据类型,比如在上面这个例子中,I 与 J 均为 256×256 的 uint8 格式的数据矩阵。大家可以看一下 K 中的最大值与最小值,会发现其范围不会超过 $[0, 255]$,因为输入两个 uint8 的数据矩阵时 imadd 输出的也是 uint8 的数据矩阵。很显然,这个相加的过程中是可能产生溢出的。为了避免这种溢出,可以将第 3 句代码修正为:

```
K= imadd(uint16(I),uint16(J));
```

再将第 6 行代码中的 imshow(K)改为 imshow(K，[])。这样得到结果展示于图 9.4 中，相比之下，图 9.3 中的结果图整体偏白，类似于曝光过度的照片，而图 9.4 中的结果图则更为自然。

(a)图片1

(b)图片2

(c)imadd叠加

图 9.4　两幅图像相加(无溢出)

另外：

①两张图像相减可以用 imsubtract 函数。

②两张图像相乘可以用 immultiply 函数。

③两张图像相除可以用 imdivide 函数。

在调用这些函数时，同样要注意保证输入的两幅图像要具有相同的大小和数据类型，以及可能产生的数据溢出。

(2)用一般的数学运算符。

除了上面提及的函数外，我们也可以直接用＋、－、＊、/等等各种运算符号对图像的数据矩阵进行数学运算，这时即将图像视为矩阵进行操作。为了提高运算的精度，可以先用 im2double 把图像转换至双精度浮点数的形式后再进行运算。请注意 im2double 与 double 的不同：im2double 函数将一个[0,255]区间内的整数转换到[0,1]区间内的浮点数；而 double(I)会将整数矩阵 I 强制性转换为浮点数，数值不变。

如果图像的数据类型为整数，计算结果与浮点数的计算结果有可能相差很大，对整型数进行计算的时候，有可能会有两个问题：数据溢出和量化误差。下面举个例子：

例 9.2　图像相乘。

```
1. clear all; close all;
2. A = imread('lighthouse. png');
3. B = imread('fabric. png');
4. B = permute(B, [2,1,3]);          % 调整 B 的维度,令其与 A 尺寸一致
5. C = immultiply(A, B);
6. % C = A. *B;                       % 这句的效果与 immultiply 相似
7. A1 = im2double(A);
8. B1 = im2double(B);
9. C1 = immultiply(A1, B1);          % C1 = A1. *B1;
10. figure, subplot(221); imshow(A); title('原图像 A');
11. subplot(222); imshow(B); title('原图像 B');
12. subplot(223); imshow(C); title('C = A. *B (A,B 为整型)');
13. subplot(224); imshow(C1); title('C1 = A1. *B1 (A1,B1 为浮点数)');
14. set(gcf, 'Position', [100, 300, 500, 700]);
```

图 9.5 中下排两幅图展示结果很不一致,大家可以仔细观察一下具体像素点的对应情况。比如采用下面几行代码读出某个位置对应几幅图片的像素值:

```
idx_r =  300; idx_c = 230;
fprintf('A (R, G, B):% d % d % d \ n', A(idx_r, idx_c, :));
fprintf('B (R, G, B):% d % d % d \ n', B(idx_r, idx_c, :));
fprintf('C (R, G, B):% d % d % d \ n', C(idx_r, idx_c, :));
fprintf('C1 (R, G, B):% . 4f % . 4f % . 4f \ n', C1(idx_r, idx_c, :));
```

(a)原图像A　　　　　　　(b)原图像B

(c)C=A. *B(A,B为整型)　　(d)C1=A1. *B(A1,B1为浮点数)

图 9.5　两幅图像相乘

可以看到,在图像 A 中第 300 行、230 列的像素值为[239,245,252](白色),图像 B 中对应位置像素值为[255,67,96](偏红色),图像 C 中对应位置为[255,255,255](白色),而 C1 中对应位置为[0.9373,0.2524,0.3720](偏红色)。显然,C1 才是更准确的结果。而在计算两个 8 位整型数相乘(即 C = A. * B;)的过程中产生了溢出,因此图 9.5 (c)中呈现出过白、曝光过度的效果。

图像相乘有时可以生成一些有趣的风格,如果把例 9.2 中的图像 B 视为风格模板,利用乘以模板的操作为图像 A 加入一些纹理,则可以适当调整 B 的强度,当其整体数值越接近 1 时,模板效果越弱,比如可以调整例 9.2 中第 8 行代码为:

```
B1= im2double(B*3);
```

则呈现效果图中 B 的影响将更为弱化一些,大家也可以尝试一下。另外相乘操作也可以用于为图像加入 logo 等,请大家在本次作业中实践一下。

9.1.3 图像的字节操作

我们现在读入的大多数图像都是以整数形式保存的,每个像素表示为一个字节。字节的最低位被称为 LSB(least significant bit),表示这一位起的作用很小,被去掉对图像不会有太大影响。字节的最高位被称为 MSB(most significant bit),即最重要的位。比如:一个 8 位二进制数 x=01100101,最低一位是 1,最高一位是 0;最低两位是 01,最高两位是 01……大家可以读入一幅灰度图,感受一下图像的最低位与最高位起的作用。

例 9.3 字节操作。

```
1. clear all; close all;
2. I = imread('moon. tif');
3. n = 2^8;
4. I_r1 = (I/n)*n;          % MSB 的取法(最高位为 1 则显示为白色,反之则显示为黑色)
5. I_r2 = mod(I, 2);        % LSB 的取法
6.
7. figure,
8. subplot(131); imshow(I); title('Original image');
9. subplot(132); imshow(I_r1); title('MSB image');
10. subplot(133); imshow(I_r2, []); title('LSB image');
11. set(gcf, 'Position', [100, 300, 700, 300]);
```

  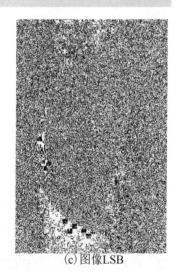

(a)原图像　　　　　　　　(b)图像MSB　　　　　　　　(c)图像LSB

图 9.6　图像的最低有效位及最高有效位

例 9.3 代码的第 4 行"I_r1 =(I/n) * n;"首先将 I 中各像素除以 n 再乘以 n,由于 I 是无符号整数,因此计算 I/n 时得到的也是无符号整数,当 n 取为 2^8 时,有:

$$\frac{I(k_1,k_2)}{n}=\begin{cases}1, & I(k_1,k_2)\geqslant 2^7 \\ 0, & I(k_1,k_2)<2^7\end{cases}$$

而将 I/n 乘上 n 之后,因为 $I_{r1}(k_1,k_2)$ 也是 8 位无符号格式,因此最大值限制在 255:

$$I_{r1}(k_1,k_2)=\left[\frac{I(k_1,k_2)}{n}\right]\times n=\begin{cases}2^8-1, & I(k_1,k_2)\geqslant 2^7 \\ 0, & I(k_1,k_2)<2^7\end{cases}$$

也就是说,在这步操作中,会将 I 中大于等于 2^7 (也即最高位为 1)的像素值变成 255,将小于 2^7 的像素值变成 0。

例 9.3 代码的第 5 行"I_r2 = mod(I, 2);"代表着将 I 中每个元素取 2 的余数,具体而言:若 $I(k_1,k_2)$ 的最低位为 0,则对 2 取余后也为 0,反之则为 1;因此这步操作可视为提取出 I 的最低有效位。

大家可以思考一下,如果想取出最高的 3 位,以及最低的 3 位,应该如何改写代码?

9.2　图像的几何操作

9.2.1　图像的旋转

图像的旋转可以采用 imrotate 函数,基本的 imrotate 语法:B＝imrotate(A, angle),其中 A 是待旋转的图像,angle 是旋转的角度,如果 angle 为正值则按逆时针旋转,如果为负值则按顺时针旋转。另外,图像旋转时可能会生成很多不在原本网格上的像素点,故涉及插值操作,若想指定插值所用的方法,则可采用 B＝imrotate(A, angle, method) 的方式,若不指定 method 参数则默认选用最近邻法('nearest')进行插值,帮助文档中关于 method 选用的参数说明见表 9.2。

表 9.2　method 参数

输入参数	描述
'nearest'	最近邻法插值
'bilinear'	双线性插值
'bicubic'	双三次插值(效果最平滑)

例 9.4　图像的旋转。

```
1. clear all; close all;
2. I = imread('coloredChips. png');
3. I_r1 = imrotate(I, 10, 'bicubic');
4. I_r2 = imrotate(I, 30, 'bicubic');
5. figure,
6. subplot(131); subimage(I); title('Original image');
7. subplot(132); subimage(I_r1); title('逆时针旋转 10 度');
8. subplot(133); subimage(I_r2); title('逆时针旋转 30 度');
9. set(gcf, 'Position', [100, 300, 800, 250]);
```

在例 9.4 中,为了展示出图像的尺寸,我们采用了 subimage 画图,该函数会在图像上标出像素点的坐标(或索引),从中可以看出图像中像素点的多少。从图 9.7 中可以看出,在旋转之后图像的大小发生了变化。假设图像逆时针旋转的角度是 θ,我们可以从图 9.8

看出旋转前后尺寸的变化情况。

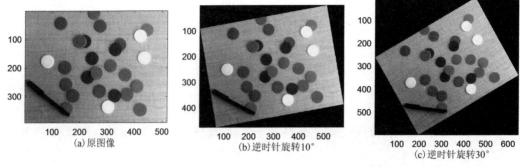

(a) 原图像　　　(b) 逆时针旋转10°　　　(c) 逆时针旋转30°

图 9.7　图像的旋转

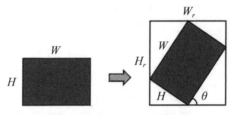

图 9.8　图像的旋转(尺寸变化)

从图中可以简单推算出旋转后新图像的尺寸为：

$$W_r = W\cos\theta + H\sin\theta$$

$$H_r = H\cos\theta + W\sin\theta$$

而在 MATLAB 中,对 W_r 与 H_r 再加入一个向上取整(ceil)即可以得到旋转后的图像尺寸。

9.2.2　图像的尺寸放缩

放缩图像的尺寸可以采用 imresize 函数。

例 9.5　图像尺寸放缩。

```
1. clear all; close all;
2. [I,map] = imread('canoe. tif');
3. if~ isempty(map)
4.    I = ind2rgb(I,map);
5. end
6. I_r1 = imresize(I, 0. 5);
7. I_r2 = imresize(I, 2);
8. figure,
9. subplot(131); subimage(I); title('Original image');
10. subplot(132); subimage(I_r1); title('缩小至 0. 5 倍');
11. subplot(133); subimage(I_r2); title('放大至 2 倍');
12. set(gcf, 'Position', [100, 300, 900, 250]);
```

在图 9.9 所示结果中,单纯从图像上很难看出差别,但我们采用 subimage 作图,从得到的像素索引值范围可以看出图像尺寸的变化。在画图时若使用 image 函数也可以显示像素坐标以展示图像被缩放后的大小,但这个函数会自动调整图像大小,可能造成比例失真,而 subimage 函数没有这个问题。

(a)原图像

(b)缩至一半

(c)放大至2倍

图 9.9　图像的放缩

imresize 函数默认使用的插值方法是双三次插值('bicubic'),还可以根据需要选择不同的插值方法(见表 9.3),比如:imresize(I, 1.5, 'nearest')。可以看一下帮助文档中对'method'参数的选择说明。

表 9.3　imresize 函数的插值方法

方法	描述
'nearest' (最近邻法)	最近邻插值:对新图像中的每一个点,根据其相对坐标,在原图像中寻找相对坐标最接近的点并用其像素值进行赋值
'bilinear' (双线性)	双线性插值:对新图像中的每一个点,根据其相对坐标,在原图像中寻找其 2×2 邻域内的点,并进行线性插值以得到新的像素值
'bicubic' (双三次)	双三次插值(默认方法):对于新图像中的每一个点,根据其相对坐标,在原图像中寻找其 4×4 邻域内的点,并进行三次插值(即用三阶多项式拟合邻点像素值)以得到新的像素值

9.2.3　图像的平移

循环移位可以用 circshift 函数实现。请大家尝试下面一段代码,并解释生成的结果。

例 9.6　平移。

```
1. clear all; close all;
2. I = imread('football. jpg');
3.
4. I_s1 = circshift(I, 100, 1);
5. figure(1),subplot(121);imshow(I);title('原图像')
6. subplot(122);imshow(I_s1);title('变换结果')
7. set(gcf, 'Position', [100, 100, 700, 250]);
8.
9. I_s2 = circshift(I, 100, 2);
10. figure(2),subplot(121);imshow(I);title('原图像')
11. subplot(122);imshow(I_s2);title('变换结果')
12. set(gcf, 'Position', [300, 300, 700, 250]);
```

13.

14. I_s3 = circshift(I, 1, 3);

15. figure(3),subplot(121);imshow(I);title('原图像')

16. subplot(122);imshow(I_s3);title('变换结果')

17. set(gcf, 'Position', [500, 500, 700, 250]);

在例 9.6 第 4 行代码中,将原图像沿着第 1 个维度(行方向,竖直方向)向下循环移位了 100 个像素点,从图 9.10 中可以看到变换结果。这行代码的操作也等效于:

I_s1= [I(end-99:end,:,:); I(1:end-100,:,:)];

(a)原图像 　　　　　　　　　　　　(b)变换结果

图 9.10　图像在第 1 个维度(竖直方向)的循环移位操作

在例 9.6 第 9 行代码中,将原图像沿着第 2 个维度(列方向,水平方向)向右循环移位了 100 个像素点,从图 9.11 中可以看到变换结果。这行代码的操作也等效于:

I_s2= [I(:, end-99:end,:), I(:,1:end-100,:)];

(a)原图像 　　　　　　　　　　　　(b)变换结果

图 9.11　图像在第 2 个维度(水平方向)的循环移位操作

在例 9.6 第 14 行代码中,将原图像沿着第 3 个维度(色彩通道)向右循环移 1 位,R→G→B→R,即原本的红色通道值变成了绿色,而绿色变成了蓝色,蓝色变成了红色。于是在图 9.12 中可以看到,橄榄球和垫布的颜色发生了改变。

(a)原图像   (b)变换结果

图 9.12　图像在第 3 个维度(色彩通道)的循环移位操作

作 业

1. 读入一张 RGB 图像,将其命名为 rgbfig,并进行如下操作:

(1) 对 rgbfig 用 rgb2ntsc 函数得到 ntsc 颜色模型下的图像,命名为 yiqfig。

(2) 对 rgbfig 用讲义第 2.1.1 节公式(9.1)计算得到 yiqfig1。

(3) 求 yiqfig 与 yiqfig1 的差,看这二者是否相同(理论上应该相同);可以用"mean(abs(yiqfig(:)−yiqfig1(:)).^2)"计算均方误差(MSE,mean square error)。

(4) 用 rgb2gray 将原 RGB 图像 rgbfig 转换成灰度图像 grayfig。

(5) 分别画出 yiqfig 的亮度通道(Y 通道)以及 grayfig,并进行比较。

> **提 示**
>
> 所有操作在进行之前,最好将该 RGB 图像转成 double 的形式(比如采用 im2double),否则计算过程中会有量化误差。

2. 将 RGB 图像转换为 YCbCr 模式(用 rgb2ycbcr 函数),模仿课件上的图 9.2 的代码,展示图像中的 Cb 通道(第 2 个通道),并解释你所展示的图像。

3. 附带的图片 footprint1.jpg 是美国宇航员登月时在月亮表面留下的脚印,有些人质疑这张图片的真实性,因为他们觉得从图上看脚印是凸起的。请你用 MATLAB 函数将该图片翻转 180°,展示翻转前后的图片,感受一下两张照片的视觉效果(备注:由于各人的视觉感知习惯不同,有些人会觉得旋转前脚印是下陷的,而旋转后脚印是凸起的)。

4. 找一张你拍的照片,以及一张背景为黑色的标志图片。

> **提 示**
>
> I1 = [zeros(size(I, 1),10,size(I,3)), I];将在图像 I 的左侧补上 10 列零元素;而 I1 = [zeros(10,size(I, 2),size(I,3)); I];将在图像 I 的上方补上 10 行零元素。

(1) 通过补零或者放缩,将标志图片处理得与照片大小一致。

(2) 尝试用加法操作将标志图片加入你的照片中,展示效果。

（3）将标志反色（即：背景为白色），尝试用乘法操作将处理完的标志图片加入你的照片中，展示效果。

（4）将标志旋转 45°后加入你的照片中，展示效果（加法或乘法均可）。

5. 图像 trees. png（已附在课程资料里，见图 9.13）是一张加了密的彩图，其中每个通道中的各个元素都由 8 位二进制数表示。这张图片中隐藏着另一张图片，隐藏图片被放在每个像素的最低两位二进制数中。请想办法把隐藏的图片提取出来并显示。

> **提 示**
>
> （1）参考例 9.3，提取出最低 1 位二进制数可以用 mod(I, 2)，而提取最低 n 位二进制数可以用 mod(I, 2^n)。
>
> （2）如果想观察提取前后的数是否符合要求，可以采用 dec2bin 与 bin2dec，令十进制数与二进制字符串相互转换。
>
> （3）假设提取出来的图片是 I_rec，要记得将其幅度归一化后再进行显示，否则很难看清。比如可以先转成 double 型，再除以最大值，如"I_rec = double(I_rec)/max(double(I_rec(:)))"。

图 9.13 作业第 5 题图像

6. 请阅读 circshift 的帮助文档。展示例 9.6 所示代码结果，并分析几张图分别是执行了什么图像变换操作。想一想，若只是想做普通的移位（而不是循环移位），代码应该如何编写？

7. 图像的镜像。

（1）读取一张灰度图，先将其转置，再顺时针旋转 90°即可得到其镜像图。请展示代码与效果图。

（2）读取一张 RGB 图像，将其三个通道分别进行第（1）步的操作，得到其镜像。展示代码与效果图。

 附加题 （选做）

尝试自己生成类似第 5 题的加密图。即：找两张图像 A 与 B，提取 B 的最高 2 位有效位，并将其隐藏在 A 的最低 2 位有效位上。

实验 10　图像的变换及其应用

本实验将介绍图像的变换,即把图像从空间域变换至其他特征参数域。图像变换是很多图像处理任务的基础,经过有效的图像变换操作,一些特征会更明显地呈现出来。

10.1　图像的变换

在变换分析之前,要注意检查一下待进行的数据矩阵的通道数,如果待分析的是一张彩图,可以先将其转换为灰度图再进行变换。另外,为了避免量化误差,可以将图像转成 double 浮点数型后再进行变换。

10.1.1　二维傅里叶变换(DFT)

在一维信号的处理中,采用快速傅里叶变换用的是 fft 函数。而图像信号是二维,采用二维傅里叶变换可以用 fft2,它等同于在图像矩阵的行方向上进行一维傅里叶变换,再在列方向上进行一维傅里叶变换,也就是说,一次二维傅里叶变换等同于两次一维傅里叶变换,比如:

```
1. clear all; close all;
2. I = im2double(imread('cameraman. tif'));
3. S0 = fft2(I);              %  直接用二维傅里叶变换
4. S1 = fft(I, [], 1);        %  往矩阵的列方向上做一次一维傅里叶变换
5. S1 = fft(S1, [], 2);       %  再往行方向上做一次一维傅里叶变换(这两步可颠倒次序)
6.
7. mean(abs(S0(:)-S1(:))),    %  显示误差
```

最后命令窗口展示出平均绝对值误差约为 2×10^{-15}(不同系统可能会有差别),这个误差已经足够小,说明两种操作基本等价。

展示傅里叶变换的结果(也即频谱)时要注意两点:

(1)要先求绝对值,因为频谱矩阵是复数,如果不求绝对值,画图时会有警告,提示虚部被忽略。

(2)由于频谱的最大值、最小值之间相差很大,远超出 imshow 预设的[0,1]范围,并且分布并不是线性的,画图时如果不取 log(对数)是很难看出效果的。

```
figure,
subplot(121); imshow(abs(S0), []); colorbar; title('线性展示');
subplot(122); imshow(log(abs(S0)), []); colorbar; title('对数展示');
```

图 10.1 左侧之所以显示黑色,是因为绝大多数像素值处于低灰度值区域(在[]自动归一化之后),而取对数操作将使这段低灰度值映射为输出中范围较宽的灰度值,从而使图像中的"暗像素值"得以扩展。冈萨雷斯的《数字图像处理》一书中给出灰度变换函数示意图,大家可以参考。

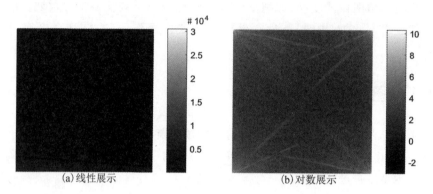

(a)线性展示   (b)对数展示

图 10.1   图像频谱的两种展示方式

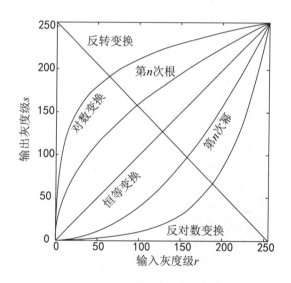

图 10.2   不同的灰度变换函数(以总灰度级=256 为例)

对照图 10.2 所示幅灰度变换函数曲线可以发现,对数变换会放大输入中的低灰度级部分(比如图中横轴上 $r<50$ 的部分),而压缩输入中的高灰度级部分。

从图 10.1(b)对数展示的频谱中可以看到,亮点(最大值点)集中在四个角,这四个角对应着低频,而中心点对应着高频。显示时很多人更习惯将低频放在中心点,高频放于四个角,所以会用一个 fftshift 进行循环移位。下面展示一个完整的频谱分析示例,效果可参照图 10.3。

例 10.1　傅里叶变换。

```
1. clear all;
2. I = imread('cameraman. tif');
3. S0 = fftshift(fft2(I));
4. figure, subplot(121); imshow(I); title('原图像')
5. subplot(122); imshow(log(abs(S0)), []); title('频谱');
```

(a)原图像　　　　　　　　　　　(b)频谱

图 10.3　傅里叶变换频谱展示

由于图像是实数信号,它的频谱必然存在着一定的对称性(从图 10.1 或图 10.2 中可以看出,把频谱分成四块,则沿对角线的两块相互对称,沿反对角线的两块也相互对称)。

另外,频域中的点数可以与空间域中的不同。比如可以采用:fft2(I, N_f, M_f),其中 N_f 与 M_f 分别是频谱中两个维度的点数。

反变换可以用 ifft2 实现,需要注意一下,若频域数据是经过了 fftshift 的结果,那在 ifft2 操作之前,一定要记得将其用 ifftshift 变换回循环移位之前的数据。

10.1.2　离散余弦变换(DCT)

离散余弦变换可以看成傅里叶变换的一种变体,是针对实数信号、产生实数频谱的变换。MATLAB 中用 dct2 函数计算图像的二维 DCT 变换。与 fft2 产生的频谱类似,展示时如果不取对数,是很难看到肉眼可辨的结果的,所以大家一定注意取绝对值、取对数。

例 10.2　DCT 变换。

```
1. I = imread('cameraman. tif');
2. S_dct = dct2(I);
3. figure, subplot(121); imshow(I); title('原图像')
4. subplot(122); imshow(log(abs(S_dct)), []); colorbar; title('频谱');
5. set(gcf, 'Position', [100, 300, 900, 300]);
```

从图 10.4 右侧频谱的色度条中可以看到,分析结果中有很多负值,而 log(abs(S_

dct))中的负值即代表着一个非常小的 DCT 系数,代表着该频率成分对图像的贡献很小,可以忽略不计。因此展示 DCT 谱图时,往往可以考虑将小值置零,比如:

```
1. I = imread('cameraman. tif');
2. S_dct = dct2(I);
3. S_dct(abs(S_dct)<1) = 1;
4. figure, subplot(121); imshow(I); title('原图像')
5. subplot(122); imshow(log(abs(S_dct)), []); colorbar; title('频谱');
6. set(gcf, 'Position', [100, 300, 900, 300]);
```

 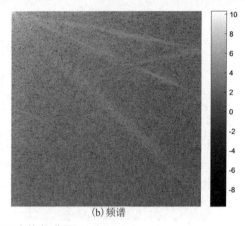

(a)原图像　　　　　　　　　　　　　　(b)频谱

图 10.4　DCT 变换频谱展示

这样得到的结果,图 10.5 相比于图 10.4 而言对比度有所增强。

 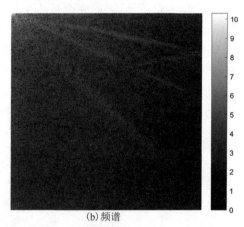

(a)原图像　　　　　　　　　　　　　　(b)频谱

图 10.5　DCT 变换频谱展示(将小值置 0)

另外,从 DCT 频谱到图像的反变换可以用 idct2 实现。

10.1.3　Hadamard 变换

图像的哈达玛(Hadamard)变换,或者叫沃尔什-哈达玛(Walsh-Hadamard)变换,可以视为一种特殊的傅里叶变换,常应用于数据加密、数据压缩等方面。MATLAB 中可以用 hadamard 函数生成一个哈达玛变换矩阵。关于 Hadamard 变换的具体公式,请参阅相关教材。

在对 $n \times m$ 的数据矩阵进行 Hadamard 变换时,需要将其左乘一个 $n \times n$ 维的 Hadamard 矩阵,再将其右乘一个 $m \times m$ 维的 Hadamard 矩阵,如例 10.3。

例 10.3　Hadamard 变换。

```
1. clear all;
2. I = imread('peppers. png');
3. I = rgb2gray(I);
4. [n, m] = size(I);
5. H1 = hadamard(n);
6. H2 = hadamard(m);
7. J = H1*im2double(I)*H2/sqrt(n*m);
8. figure,
9. subplot(121); imshow(I); title('原图像');
10. subplot(122); imshow(J); title('Hadamard 变换系数');
```

其中需要注意的有两点:

(1) 要生成一个 $n \times n$ 维的 Hadamard 矩阵,n 必须是一个整数,且 n,$n/12$,或者 $n/20$ 需要是 2 的整数次幂,否则 MATLAB 会报错。如果矩阵的维数不满足上述条件,就应该补零。

(2) 进行乘法操作时,如果第 7 行代码中不采用 im2double 将矩阵格式由 uint8 转换为 double,则会报错:

```
Error using *
MTIMES is not fully supported for integer classes. At least one input must be scalar.
```

所以需要把图像矩阵转成 double 的格式再进行运算。

图 10.6(b)显示的 Hadamard 变换系数中,黑色点代表的是小于等于 0 的值(包括很多负数值),白色点代表的是大于等于 1 的值。如果要从 Hadamard 变换系数恢复出原图像,即进行反 Hadamard 变换,则可以将 Hadamard 变换矩阵取转置后与系数矩阵相乘,比如:

```
I_rec=  H1'*J*H2'/sqrt(n*m);          % 反 Hadamard 变换
```

(a)原图像　　　　　　　　　　　(b)Hadamard变换系数

图 10.6　Hadamard 变换结果展示

10. 1. 4 Radon 变换

关于 Radon 变换的具体原理,可以参考理论书的相关章节。MATLAB 中用[R, xp] = radon(I, theta)来计算图像 I 的 Radon 变换,theta 为投射角度。而输出 **R** 记录了图像沿 theta 方向上的 Radon 变换值,xp 对应于 x' 轴(投影轴)的坐标值。比如:

例 10. 4 Radon 变换。

```
1. clear all; close all;
2. I = zeros(100,100);
3. I(25:75, 25:75) = 1;                  % 生成一个图像矩阵
4. [R, xp] = radon(I, [0 45]);
5. figure,
6. subplot(131); imshow(I); title('原图像');
7. subplot(132); plot(xp, R(:,1),'linewidth',1. 5); xlabel('x'''); title('0^o Radon 变换');
8. subplot(133), plot(xp, R(:,2),'linewidth',1. 5); xlabel('x'''); title('45^o Radon 变换');
9. set(gcf, 'Position', [100, 300, 900, 200]);
```

由于 Radon 变换的原理是沿投影方向计算投影线上的线积分,所以它可以用于检测图像中直线的存在,比如图 10.7(b)中"$0°$ Radon 变换"这张图可以看到,x' 在 0 附近时值很高,说明这一片区域存在与投影线平行(即沿 $90°$ 的方向)的直线。而在(图 10.7(c))"$45°$ Radon 变换"这张图中,$x'=0$ 时值最高,说明图中存在与投影线平行(即沿 $135°$ 的方向)的直线,并且其在 $x'=0$ 时最长。

(a)原图像

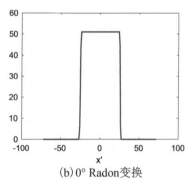
(b)0° Radon变换

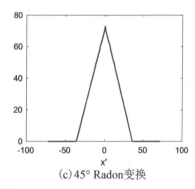
(c)45° Radon变换

图 10. 7 Radon 变换结果展示

另外,若已知一系列的投射角度(对应着一个 theta 向量)上的投影结果(对应着一个 **R** 矩阵,其列数等于投射角度的数目),则可通过"I_r = iradon(R, theta)"得到反 Radon 变换重建出的图像。反 Radon 变换常被用于医学影像技术中(比如 CT 成像)。下面展示一个反 Radon 变换的示范。很显然,如果投影角度不够多,反 Radon 变换重建出的图像与原始图像之间的误差会比较大,图 10.8(a)仅用了两个投射角度的 Randon 变换结果进行重建,得到的图像伪峰很大;图 10.8(b)用了 19 个投射角度,重建图像已大致恢复;图 10.8(c)用了 181 个投射角度,得到的重建图像已经基本与原图一致。不过这个例子中原图像较为简单,在实际应用中,需要用更精细的算法设计以保证重建图像伪影小且信息恢复完全。

```
1.  % 反 Radon 变换
2.  theta1 = [0, 45];
3.  Ir1 = iradon(radon(I, theta1), theta1);
4.  theta2 = 0:10:180;
5.  Ir2 = iradon(radon(I, theta2), theta2);
6.  theta3 = 0:1:180;
7.  Ir3 = iradon(radon(I, theta3), theta3);
8.  figure,
9.  subplot(131); imshow(Ir1); title(['重建图像:', num2str(length(theta1)),' 个投射角度']);
10. subplot(132); imshow(Ir2); title(['重建图像:', num2str(length(theta2)),' 个投射角度']);
11. subplot(133); imshow(Ir3); title(['重建图像:', num2str(length(theta3)),' 个投射角度']);
12. set(gcf, 'Position', [100, 300, 900, 200]);
```

(a)重建图像:2个投射角度　　　　(b)重建图像:19个投射角度　　　　(c)重建图像:181个投射角度

图 10.8　反 Radon 变换结果展示

10.2　图像变换的应用

图像变换出现在很多应用中,比如压缩、加密、滤波处理、检测等。我们安排在下面几次实验中集中讨论图像的滤波和压缩,因此这两部分应用将留到之后进行介绍。在这节中讲两个与图像变换有关的有趣小应用。

10.2.1　隐写术

隐写术(steganography)是关于信息隐藏的技术,大家有兴趣可以查阅一下维基百科上的介绍,上节课中留的第 5 道作业题(从 trees. png 中提取隐藏的图片)即是隐写技术的一种。另外与隐写术类似的还有"盲水印",指在数据内容中嵌入不易察觉的(比如与版权相关的)记号。

有一类隐写技术是基于图像变换来进行的。以 DCT 变换为例,如果我们把想隐藏的信息放于原图像的频域,从空间域中便难以解读出这一信息。在例 10.5 代码中我们给出一个生成简单盲水印的示例。

例 10.5　基于 DCT 的简单盲水印。

```
1.  clear all; close all;
2.  I0 = imread('Lenna. png');              % 原始图像
3.  I0 = rgb2gray(I0);                      % 转成灰度图
```

```
4.  J_logo = imread('logo. tif ');                          %  水印图像
5.  J_logo= rgb2gray(J_logo);                               %  转成灰度图
6.  I0 = im2double(I0);                                     %  转成浮点数
7.  J_logo = im2double(J_logo);                             %  转成浮点数
8.  [m, n] = size(I0);
9.  [m1,n1] = size(J_logo);
10. J_logo = [zeros(m-m1, n); [zeros(m1, n-n1), J_logo]];   %  补零行、零列
11. S_I = dct2(I0);                                         %  原图像的频域
12. S_I_new = S_I + J_logo*0. 1;                            %  将空间域中的 logo 叠加在原始图像的频域
13. I_r = idct2(S_I_new);                                   %  嵌入水印后的图像
14. figure,
15. subplot(221); imshow(I0); title('原始图像');
16. subplot(222); imshow(J_logo); title('水印图像');
17. subplot(223); imshow(I_r); title('嵌入后的图像');
18. subplot(224); imshow(log(abs(I0-I_r)), []); title('嵌入水印前后图像的差别');
```

从图 10.9 可以看到,加入水印后对图像的影响不大。嵌入水印后的图像仅仅在左上角有一些明显的不自然的地方,似乎是有变化,但别人又无法解读出插入了什么信息。在图 10.10 中我们将嵌入水印的图像的左上角局部区域进行放大,以便大家更清楚地看出这种细微的破绽。大家可以思考一下,为什么嵌入水印的图像是在左上角有处理痕迹?这与水印图像 J_logo 的具体形式有关吗?请大家自己做实验验证一下,这一问题我们将在本实验最后(附加题之后)给出回答。

(a)原始图像

(b)水印图像

(c)嵌入后的图像

(d)嵌入水印前后图像的差别

图 10. 9　图像隐写示例

图 10.10　嵌入水印后的图像及局部放大图

若对右下角的图像差值进行 DCT 变换，则可得到右上角的水印图像。所以，若拥有原始图像，我们便可以把嵌入的水印提取出来，得到隐藏的信息。

在第 12 行代码中的因子 0.1 可控制水印的强弱，若选择较大因子，则水印会更鲁棒（不易受到攻击），但嵌入后对图像的影响较大；若选择较小因子，嵌入后对图像影响更小，但很脆弱，易被破坏（比如图像压缩、量化误差等都会使水印难以再被提取出来）。

这个例子只是很粗浅的尝试，若想实现更好的水印效果，需要对算法进行更有针对性的设计。有兴趣的读者可以去检索 blind watermarking 或者 Steganography 得到更多信息。

10.2.2　模板匹配

模板匹配是一种在图像处理和计算机视觉中常用的技术，用于在图像中定位与给定模板图像相似的局部区域，常用于目标检测、特征定位、图像配准等应用中。其基本思想是将输入图像分成局部小块，并计算每一个局部图像块与给定模板之间的相似度。当相似度大于一定阈值时，就可以认为找到了一个匹配的区域。

在模板匹配过程中，常使用相关操作来衡量模板图像与输入图像的局部区域之间的相似度，而相关操作可以通过计算两个信号的卷积来实现，因此也可以通过傅里叶变换进行加速计算。

下面请大家一起玩一个"找不同"的小游戏。图 10.11 中展示了 12 行 12 列的"廷"字，但其中有几个错别字，请你把它们找出来。

在例 10.6 中列出一段示范代码，其中利用模板匹配把所有"廷"字识别了出来，而排除了这些正确的字之后，错别字便突显出来了。

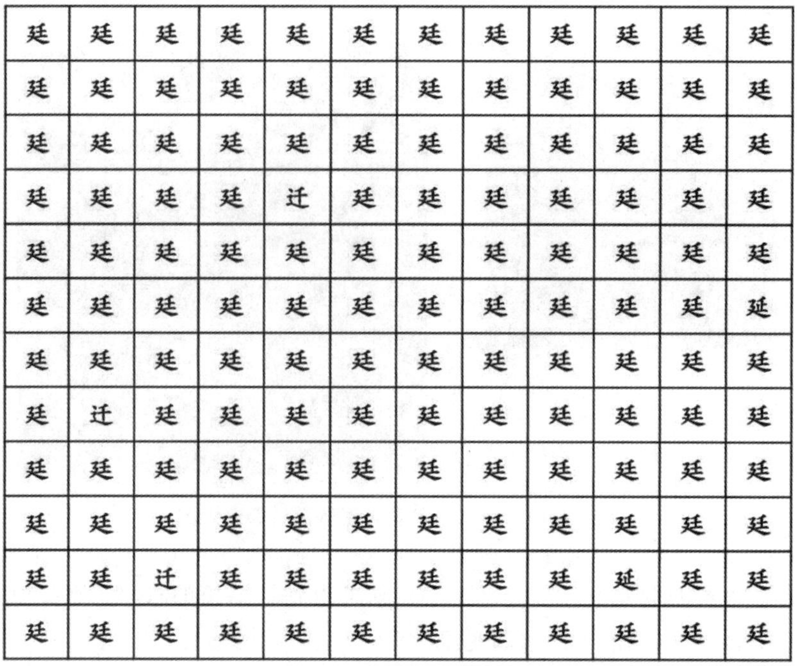

廷	廷	廷	廷	廷	廷	廷	廷	廷	廷	廷	廷
廷	廷	廷	廷	廷	廷	廷	廷	廷	廷	廷	廷
廷	廷	廷	廷	廷	廷	廷	廷	廷	廷	廷	廷
廷	廷	廷	廷	迁	廷	廷	廷	廷	廷	廷	廷
廷	廷	廷	廷	廷	廷	廷	廷	廷	廷	廷	廷
廷	廷	廷	廷	廷	廷	廷	廷	廷	廷	廷	廷
廷	廷	廷	廷	廷	廷	廷	廷	廷	廷	廷	廷
廷	迁	廷	廷	廷	廷	廷	廷	廷	廷	廷	廷
廷	廷	廷	廷	廷	廷	廷	廷	廷	廷	廷	廷
廷	廷	廷	廷	廷	廷	廷	廷	廷	廷	廷	廷
廷	廷	迁	廷	廷	廷	廷	廷	廷	廷	廷	廷
廷	廷	廷	廷	廷	廷	廷	廷	廷	廷	廷	廷

图 10.11 找不同

例 10.6 基于相关计算的模板匹配。

```
1.  clear all; close all;
2.  I = imread('zbt. png');
3.  I = im2bw(I);
4.  I = im2double(I);
5.  I_t = I(260:295, 247:290);
6.  %  figure,imshow(I); impixelinfo;
7.  %
8.  figure,subplot(121);imshow(I); subplot(122);imshow(I_t)
9.
10. %  反色,背景变成黑色(小像素值)
11. I = 1-I;
12. I_t = 1-I_t;
13. %-------------------------------------------------------------
14. %    正式开始模板匹配,从 I 中找出与 Ir 相关度最高的图像块        %
15. %-------------------------------------------------------------
16. [m, n] = size(I);
17. [m1, n1] = size(I_t);
18.
19. C = zeros(size(I));
20. C = imfilter(I, I_t);             % 用空域卷积运算实现相关计算
21.
22. thresh = max(C(:))*0. 9;          % 阈值,高于此阈值说明检测到相似字
23. mask = double(C>=thresh);
24.
```

```
25. %  show results
26. [ind1, ind2] = find(mask);
27. figure, imshow(1-I);
28. hold on; plot(ind2, ind1, 'rx','markersize',15,'linewidth', 4);
29. set(gcf, 'Position', [100, 300, 800, 700]);
```

在例 10.6 代码的第 5 行,我们从原图中选择一段区域,造出一个正确的"廷"字的模板,为了选定合适的区域,大家可以用 impixelinfo 等工具进行坐标读取。在选择模板时注意,要尽量排除无关信息(比如:边框信息不要留在模板中,否则会干扰后面的判断)。

在第 11～12 行代码中,我们将原图与模板均进行了反色,这是因为原图是白底黑字,而文字是重要的信息,在进行相关度计算时希望重要信息具有较高的强度(1),而背景无信息量,故希望背景具有低强度(0)。经过了反色后达到黑底白字的效果,可满足该要求。

在第 20 行代码中,采用 imfilter 函数实现相关运算,即计算模板 I_t 与原图像 I 各局部区域之间的相关度,并保存于矩阵 C 中,矩阵 C 具有与原图像 I 相同的尺寸。在第 22 行定义了阈值,高于阈值则代表检测到相似字,大家也可以改变这个阈值,看看效果如何。最后展示出的结果中(图 10.12),我们将所有检测到的相似字标记上"×",错别字就可以很容易辨认出来了。

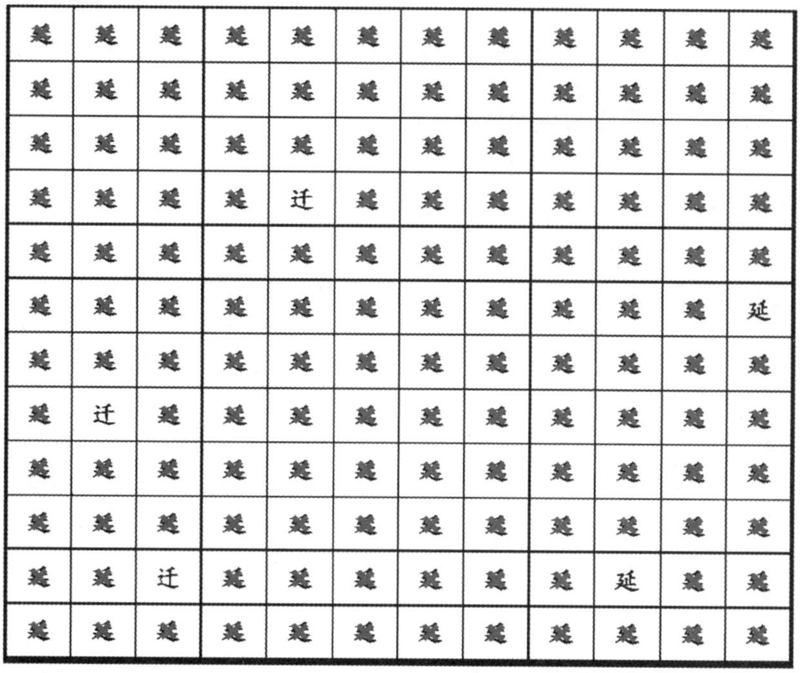

图 10.12　找不同(结果展示)

而在第 20 行代码中使用 imfilter 函数进行空间域的相关(或卷积)操作时,需要将模板图像在原图像中滑动,每滑动一个局部区域时计算一次相关,当图像较大时需要耗费较大计算量,若采用傅里叶变换可以加速这个过程。这里我们简单编写一个函数,利用傅里叶变换实现模板匹配(或相关运算)。

```
1.  function y = freq_corr_yy(I, h)
2.  %%% 用频域乘实现相关运算
3.  %%% I:待处理的数据矩阵(单通道)
4.  %%% h:模板(单通道)
5.  %%% 输出 y:与输入的 I 尺寸相同的数据矩阵
6.
7.  [m, n, k] = size(I);
8.  [m1, n1, k1] = size(h);
9.
10. if k> 1 || k1> 1
11.     error('The channel number of the input should not exceed 1. ');
12. end
13.
14. tmp1 = [[I,zeros(m,n1-1)];zeros(m1-1,n+n1-1)];
15. tmp2 = [zeros(m-1,n+n1-1);[zeros(m1,n-1),h]];
16.
17. y = real(ifft2(fft2(tmp1). *fft2(rot90(tmp2,2))));
18. ind_hc1 = ceil((m1 + 1)/2); ind_hc2 = ceil((n1+1)/2);
19. y = y(ind_hc1:m+ind_hc1-1,ind_hc2:n+ind_hc2-1);
```

利用这个自编函数,我们可以将例 10.6 的第 20 行改写成:

```
C= freq_corr_yy(I, I_t);              % 用频域法运算实现相关计算
```

大家还可以比较一下这两种操作所消耗的时间:

```
tic
C= imfilter(I, I_t);                  % 用空域卷积运算实现相关计算
toc
tic
C= freq_corr_yy(I, I_t);              % 用频域法运算实现相关计算
toc
```

一般而言,频域法运算的时间要明显短于空间域。

不过需要注意的是,本例代码所使用的方法还很粗糙,鲁棒性不强,对抗噪声的能力差,如果图片中存在较多噪声,则很容易失效或误判。另外,上面展示的过程也没有经过归一化,如果要用到复杂度更高的模板匹配问题中去则需要经过一定的修正。

 作 业

1. 读入一幅图像(Lenna. png),将其转成灰度图,并实施以下操作:

(1) 生成其傅立叶谱图,令低频(零频)位于图像中心,展示原图像及谱图。

(2) 将 Lenna 的图像旋转 45°,生成谱图。展示旋转后的图像及谱图。

注 意

谱图需要以对数方式展示。

2. 读入一幅图像,命名为 I,将其进行傅里叶变换,得到频谱 S,执行:

(1) 提取出频谱的实部 S_r 与虚部 S_i。

(2) 分别将 S_r 与 1i * S_i 进行逆变换得到图像 I_1 与 I_2,

(3) 请比较 I_1、I_2 的对称性,解释为什么。

> **提 示**
>
> 频域的实部对应着空间域的共轭偶对称部分,频域的虚部对应着空间域的共轭奇对称部分。

3. 读入 "phantomdata1. mat" 文件,这是一个实采的 MRI 数据(模型),MRI 获取的是 k 空间(相当于频域)数据,将它经过反傅里叶变换,以及 fftshift 循环移位,以得到 MRI 图像,请分别展示幅度谱与相位谱。

4. 在例 10.5 所示的盲写代码中,是将彩图转成了灰度图像再进行处理。请你找一张 RGB 图,以及一张 RGB 的标志图片,尝试实现彩图的盲写。

> **提 示**
>
> 可以在三个通道上分别进行一次盲水印嵌入,或者你也可以自己设计其他方案。

5. 找一幅彩图,对其 R、G、B 三个通道分别进行 Hadamard 变换,并展示结果(请小心 10.1.3 节中提到的两点注意事项)。

6. 读入 "testpat1. png"(MATLAB 自带图像),对其进行 Radon 变换,投射角度 theta 采用 "theta = 0:d_theta:180−d_theta;" 进行设置,其中 d_theta 选择几个不同的数值,比如:50、20、1、0.1,展示对应的几个不同的 Radon 变换结果图像,再利用反 Radon 变换结果重建出图像,展示对应于不同 d_theta 的重建结果。

7. 下面两小题自选一道题:

(1) MATLAB 中自带的图像 text.png 有很多的字母,尝试模仿例 10.6 代码,找到图像中所有的字母 "d"。

> **提 示**
>
> 可生成两套方向不同的模板,分别进行一次匹配。匹配过程中可适当调整阈值。对于黑色背景的图片或模板无须进行取反操作。

(2) 使用这种匹配方法,完成一个新的 "找不同" 游戏(从两张对比图片中找出二者不同的部分)。

> **提 示**
>
> 需要将图片切分成小图像块(patch)进行逐块匹配计算。可以借助 blockproc(块处理)函数进行编写。本题中采用相关操作时可以不选用频域方法。

附加题 （选做）

对一幅图像 I 进行傅里叶变换，然后再将谱图进行逆傅里叶变换，代码如下：

```
S_I = fftshift(fft2(I));        % 取得图像 I 的频谱
I_r = ifft2(S_I);               % 逆傅里叶变换
figure, imshow(I_r,[],'initialmagnification','fit');
```

请问这段代码错在哪里？错误复原的图像有什么特点？

> 问题：为什么例 10.5 中嵌入水印后的图像会在左上角显现出明显的处理痕迹？为什么其他区域看不出太大差别？
>
> 解答：例 10.5 中把空间域的标志加在原图像的频域，相当于把频域的标志加在原图像的空间域。假设原图像是 I0，标志图像是 Ig，则加标志操作相当于"idct2(dct2(I0)＋Ig * lambda) = I0 + lambda * (idct2(Ig))"。lambda 是加的权重因子。而 idct2(Ig) 是对标志图像进行 idct2 变换，我们一般认为 idct2 是用来将频域转换到空间域，但如果仔细比较一下 idct2 与 dct2 的公式，会发现它俩差别不大，可以认为 dct2 和 idct2 都是用来进行频域与空间域之间的相互变换，可以画一下"imshow(idct2(Ig)，[]);"，然后放大左上角区域，会发现能量全集中在左上角，所以 idct2(Ig) 也能得到 Ig 的频域信息。我们知道，多数图片的频域能量都集中在左上角（也就是低频、零频处），所以这种加标志的方法会在图像的左上角出现明显的处理痕迹。

实验 11 图像的增强与调整(点处理)

图像增强的目的是提高图像的可辨识度,比如调节图像的亮度、对比度、饱和度,锐化(增强图像中物体的边缘),等等。本次实验主要介绍对图像亮度、对比度、饱和度等的增强技术,之所以称其为"点处理"(point processing)是因为在这些操作中不涉及卷积这种需要将邻域像素点加权平均的操作,即在调整某个像素点值的时候并不涉及其他像素点。

有的图像增强方法需要用滤波(包括低通、高通、带通等)操作,在调整某个像素点值的时候会考虑其邻域像素点值,可使用 kernel 或 mask 进行邻域及权重的选择。这部分内容将放在后面的实验中介绍。

11.1 图像均衡(灰度变换)

图像均衡技术主要是为了调节图像的亮度分布情况。因此,如果待处理的是彩图,往往需要将其色彩属性与亮度属性分离,拿其亮度通道单独进行分析与处理。如果不这么做,将会在改变亮度的同时,也改变图像的色彩。所以,我们会先用 rgb2ntsc 将 RGB 图像转换为 Y、I、Q 三通道,再将其亮度通道 Y 取出进行处理。同样也可以转为 YCbCr 制式进行处理。但如果原图是灰度图,则可以省略这一步。

11.1.1 直方图

图像过亮或过暗都会降低图像的可辨识度,质量好的图像应该具有均衡的灰度值分布,而直方图就是一种有效的衡量灰度值分布均匀程度的方式。在 MATLAB 中用 imhist 可以直接画出图像的直方图。在直方图中,横坐标代表着灰度值(或灰度级),纵坐标代表着具有某个灰度值(或灰度级)的像素的个数(即该灰度值在图像中出现的频次)。

例 11.1 观察直方图(曝光不足的图片)。

```
1. clear all; close all;
2. I = imread('office_1.jpg');
3. yiq = rgb2ntsc(I);                                  % 将 RGB 图像转换成 ntsc 制
4. yiq1 = yiq(:,:,1); yiq2 = yiq(:,:,2); yiq3 = yiq(:,:,3);   % YIQ 图像的 Y-channel 代表亮度
5. figure,
6. subplot(121); imshow(I); title('原图像');
7. subplot(122); imhist(yiq1); title('灰度直方图');      % 用 imhist 自动画出直方图
8. set(gcf, 'Position', [100, 300, 550, 180]);
```

例 11. 2 观察直方图（曝光过度的图片）。

```
1. clear all; close all;
2. I = imread('office_6. jpg');
3. yiq = rgb2ntsc(I);
4. yiq1 = yiq(:,:,1); yiq2 = yiq(:,:,2); yiq3 = yiq(:,:,3);
5. [counts,x] = imhist(yiq1);            % 得直方图的纵、横坐标
6. prb = counts/sum(counts);            % 将纵坐标转换成概率
7. figure, subplot(121); imshow(I); title('原图像');
8. subplot(122); stem(x, prb); title('灰度直方图');
9. set(gcf, 'Position', [100, 300, 550, 180]);
```

从图 11.1、图 11.2 展示的直方图对比中可以看到，曝光不足的图像的像素集中在低灰度值的区域，曝光过度的图像存在着大量的高灰度值（值为 1）像素点。值得注意的是，例 11.1 与例 11.2 是用两种方式画直方图：在例 11.1 的第 7 行中，用 imhist 直接画出直方图，该函数会自动截选合适的区域进行展示，若某灰度值出现次数太多，则不一定能展示完全，比如图 11.1 中，在低灰度值区域（比如灰度值为 0）的频次超出了 2×10^4，具体值并没有展示出来；在例 11.2 中，我们利用 imhist 输出灰度值分段区间位置 x，以及每个区间内统计的灰度值在图像中出现频次 counts，然后将 counts 转换成其灰度值的出现频率（归一化）再进行展示，在图 11.2 中，这种方式能将统计结果展示完全。

(a)原图像

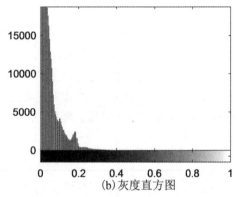

(b)灰度直方图

图 11. 1   图像直方图示例（曝光不足）

(a)原图像

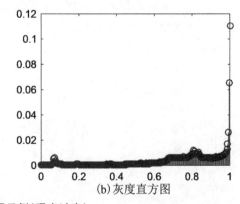

(b)灰度直方图

图 11. 2   图像直方图示例（曝光过度）

如果灰度直方图显示的是类似图 11.1 的情况,为了得到更均衡的灰度值分布,我们可以考虑把低灰度值的区域拉伸到全范围。而若是图 11.2 的情况,我们可以将高灰度值的区域拉伸至全范围。

11.1.2　直接灰度变换

灰度值的线性变换公式:

$$D' = \frac{D'_{\max} - D'_{\min}}{D_{\max} - D_{\min}}(D - D_{\min}) + D'_{\min} \tag{11.1}$$

其中 D 与 D' 分别表示变化前、后的灰度值,原图像的灰度值分布在 $[D_{\min}, D_{\max}]$ 区间内,$[D'_{\min}, D'_{\max}]$ 是改变后的灰度值的最大值、最小值区间。比如:图 11.1 中大多数像素分布在 $[0, 0.1]$ 的灰度值范围内(对应于式(11.1)中的 $[D_{\min}, D_{\max}]$),我们可以将这一区域内的灰度值均匀分布在 $[0, 1]$ 范围内(对应于式(11.1)中的 $[D'_{\min}, D'_{\max}]$),于是调节灰度值的代码如下:

```
1. I = imread('office_1.jpg');
2. yiq = rgb2ntsc(I);
3. yiq1 = yiq(:,:,1); yiq2 = yiq(:,:,2); yiq3 = yiq(:,:,3);
4.
5. yiq1_new = yiq1/0.1;
6. yiq1_new(yiq1_new<0) = 0;         % 修正,小于 0 的点置 0
7. yiq1_new(yiq1_new>1) = 1;         % 修正,大于 1 的点置 1
8. yiq_new(:,:,1) = yiq1_new;        % 重组彩图
9. yiq_new(:,:,2) = yiq2;
10. yiq_new(:,:,3) = yiq3;
11. figure,
12. subplot(121); imshow(I); title('原图像');
13. subplot(122); imshow(ntsc2rgb(yiq_new)); title('线性灰度变换后的图像');
```

(a)原图像　　　　　　　　　(b)线性灰度变换后的图像

图 11.3　图像灰度值的线性调整

若只想展示灰度图,可以省略第 8~10 行代码,仅展示亮度通道结果。另外,例 11.1 展示的第 5~7 行代码也可以用 imadjust 函数来完成:

```
yiq1_new= imadjust(yiq1, [0, 0. 1], [0, 1]);
```

如果想取反,只需要将[0,1]替换成[1,0]即可,大家可以尝试一下。

除了线性灰度变换外,还有非线性灰度变换(如伽马变换、对数变换)、分段线性灰度变换,有兴趣的读者可以自行查找相关资料进行学习。

11.1.3 直方图均衡化

在 MATLAB 中,用 histeq 函数可以自动实现直方图均衡化,关于算法的部分请参考相关理论教材。例 11.3 给出了针对彩图的处理:

例 11.3 直方图均衡化示例(彩图)。

```
1. I = imread('office_1. jpg');
2. I_yiq = rgb2ntsc(I);
3. I_eq = I_yiq;
4. I_eq(:,:,1) = histeq(I_yiq(:,:,1));
5. I_eq = ntsc2rgb(I_eq);
6. figure,
7. subplot(121); imshow(I); title('原图像');
8. subplot(122); imshow(I_eq); title('直方图均衡化结果');
9. set(gcf, 'Position', [100, 300, 550, 180]);
```

(a)原图像　　　　　　　　　(b)直方图均衡化结果

图 11.4　图像直方图均衡化的效果

与图 11.3 相比,图 11.4 靠直方图均衡化算法自动调整灰度值,结果更清晰一些。

> **注 意**
>
> 一些低版本的 MATLAB 中,histeq 的输入只能是灰度图,否则系统会报错。

除了 histeq 外,MATLAB 中还有 adjusthisteq 函数用以直方图均衡化,该函数采用了对比度受限的自适应直方图均衡(CLAHE, contrast-limited adaptive histogram equalization)方法,与简单的直方图均衡化有所不同,这种方法将限制均匀亮度区域的对比度,以免放大噪声。其用法与 histeq 类似,大家可以尝试一下效果。

11.2　真彩色增强（饱和度、色度）

对于彩图而言，如果想调整其色度、饱和度等，可以考虑在 HSV 彩色空间进行，HSV 彩色空间由 HSV（色调、饱和度、亮度）三个通道组成。

11.2.1　调整饱和度

饱和度通道是第 2 个通道，其值在［0，1］范围内。

例 11.4　调整饱和度。

```
1. clear all; close all;
2. I = imread('football. jpg');
3. I_hsv = rgb2hsv(I);
4. tmp = I_hsv(:,:,2)+0. 2;            % 调整
5. tmp(tmp<0) = 0; tmp(tmp>1) = 1;
6. I_hsv(:,:,2) = tmp;
7. I_new = hsv2rgb(I_hsv);
8. figure, subplot(121); imshow(I);
9. title('原 图 像 ','fontsize',14);
10. subplot(122); imshow(I_new);
11. title('饱和度调整','fontsize',14);
12. set(gcf, 'Position', [100, 300, 550, 200]);
```

（a)原图像　　　　　　（b)饱和度调整

图 11.5　图像饱和度调整的效果

在例 11.4 的第 4 行代码中，将图像的饱和度统一提高了。若想看到更夸张的效果，可以把第 6 行代码直接改为"I_hsv(:,:,2)＝1;"即将所有像素的饱和度均设置成最高值；或者设为 0，此时可看到一张黑白图。

11.2.2　改变色度

H 即色调（Hue）通道的值，其是用角度度量的，取值范围为 0～1，在图 11.6 中画出了色度图与角度 θ 的对应关系，从红色开始按逆时针方向计算，红色为 0°（对应 Hue 值为

0),绿色为 120°(对应 Hue 值为 1/3),蓝色为 240°(对应 Hue 值为 2/3)。

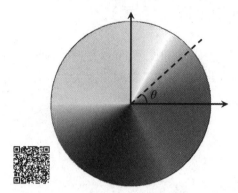

图 11.6　图像色度与角度

例 **11.5**　改变色度(全置为红色)。

```
1. clear all; close all;
2. I = imread('football. jpg');
3. I_hsv = rgb2hsv(I);
4. hue_new = 1;
5. I_hsv(:,:,1) = hue_new;
6. I_new = hsv2rgb(I_hsv);
7. figure, subplot(121); imshow(I);
8. title('原图像','fontsize',14);
9. subplot(122); imshow(I_new);
10. title(['调整色度:hue = ',num2str(hue_new)]);
11. set(gcf, 'Position', [100, 300, 550, 200]);
```

例 11.5 中第 5 行代码将新图像的所有像素的色度全置为 1(即红色),因此在图 11.7
(b)中我们可以看到后方的蓝色垫布也变成了红色。

(a)原图像　　　　　　　　　　　　　(b)调整色度:hue=1

图 11.7　图像色调调整的效果

通过调整色度(色调)值,我们还可以改变图像的暖/冷基调。比如:

例 **11.6**　改变色调(冷/暖)。

```
1. clear all; close all;
2. I = imread('autumn. tif');
```

```
3. I_hsv = rgb2hsv(I);
4. [counts0, bins0] = imhist(I_hsv(:,:,1));
5. hue_new = I_hsv(:,:,1)+ 0. 1;              % 往冷色调调整
6. hue_new(hue_new>1) = hue_new(hue_new>1)-1;
7. hue_new(hue_new<0) = 1+hue_new(hue_new<0);
8. [counts_new, bins_new] = imhist(hue_new);
9. I_hsv(:,:,1) = hue_new;
10. I_new = hsv2rgb(I_hsv);
11. figure, subplot(121); imshow(I);
12. title('原图像','fontsize',14);
13. subplot(122); imshow(I_new);
14. title('调整色调');
15. set(gcf, 'Position', [100, 300, 550, 150]);
16.
17. figure, subplot(121); stem(bins0, counts0);   ylabel('频次'); xlabel('色度值');
18. subplot(122); stem(bins_new, counts_new);    xlabel('色度值'); ylabel('频次')
19. set(gcf, 'Position', [500, 300, 550, 200]);
```

(a)原图像

(b)调整色调

图 11.8　图像色调调整(往冷色调调整)

　　在图 11.9 的左图中画出了原图像的色度值分布范围,可以看出原图像色度值比较集中于 0～0.2(即红色、暖色调区域),在例 11.6 代码的第 5～7 行,我们把图像整体色度值往冷色调方向调整(循环移位)。得到的图像如图 11.8(b)所示,照片季节似乎由秋天转换成了春天。如果将第 5 行代码改为"hue_new =I_hsv(:,:,1)-0.1;"则图像的色调会往暖色调方向调整,大家可以尝试一下。

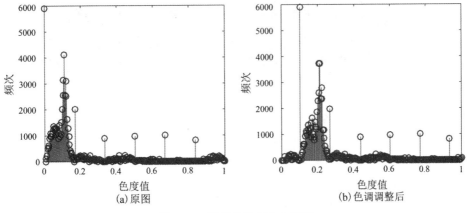
(a)原图

(b)色调调整后

图 11.9　图像色度值分布范围

11.2.3 改变对比度

我们常常在一些照片处理的商业软件上看到调整对比度的操作。与调整亮度、色调、饱和度等操作不同，图像并没有一个"对比度通道"，调整对比度一般依靠调整图像中各像素点亮度离平均亮度值的距离。比如：以下是一个对比度调整程序[①]，大家可以用黑白图像与彩图分别尝试一下。示例文件运行结果如图 11.10 所示

例 11.7 对比度调整。

```
1.  %%  Based on:https://www.dfstudios.co.uk/articles/programming/image-programming-algorithms/image-pro-
cessing-algorithms-part-5-contrast-adjustment/
2.  clear all; close all;
3.  truncate_color = @ (color) min(max(color, 0), 255);
4.  contrast = 128;                        % 对比度调整量。在-255~255 范围取值
5.  factor = (259*(contrast+255))/(255*(259-contrast));
6.
7.  I = imread('lenna. png');
8.  I = double(I);
9.
10. I_new = truncate_color(factor*(I-128)+128);
11.
12. figure, subplot(121); imshow(I/255); title('原图像');
13. subplot(122); imshow(I_new/255); title(['对比度增加：', num2str(contrast)]);
14. set(gcf, 'Position', [100, 300, 700, 300]);
```

(a)原图像　　　　　　　　　　　(b)对比度增加：128

图 11.10　图像对比度变化示例

在例 11.7 代码中，可以通过调整第 4 行代码中的 contrast 参数来调整对比度，当其为正值时，对比度增强，当其为负值时，对比度减弱。大家可以通过调整这个参数，尝试一下不同的效果。

---

① 参照 https：//www. dfstudios. co. uk/articles/programming/image-programming-algorithms/image-processing-al-gorithms-part-5-contrast-adjustment/。

11.3　其他操作

11.3.1　风格化

有时我们会想调整彩图的整体色彩（有点类似于某些应用中的"调色滤镜"），这种算法其实很简单，只需要把 RGB 三通道的值经过一个线性计算，类似于加了一个"滤镜"，对不同的色彩通道进行不同的调整。下面展示一个将图像调成棕褐色的效果（常用于图像做旧或复古滤镜）。示例文件运行结果如图 11.11 所示。

例 11.8　棕褐色效果。

```
1. clear all; close all;
2. %  I = imread('lena512color. tiff');
3. I = imread('lenna. png');
4. I = im2double(I);
5. %——————————————————————————
6. %  sepia color (棕褐色)
7. ColorMatrix = [0. 393 0. 349 0. 272; 0. 769 0. 686 0. 534; 0. 189 0. 168 0. 131];
8.
9. I_new = zeros(size(I));
10. width = size(I,2);
11. height = size(I,1);
12. for k1 = 1:height
13.     for k2 = 1:width
14.         color = I(k1,k2,:);
15.         new_color = color(:)'*ColorMatrix;
16.         I_new(k1, k2,:) = new_color;
17.     end
18. end
19. %  随机调整
20. randR = rand()*0. 8+0. 2;              %  范围（0. 8, 1）
21. randG = rand()*0. 8+0. 2;              %  范围（0. 8, 1）
22. randB = rand()*0. 8+0. 2;              %  范围（0. 8, 1）
23. I_new1(:,:,1) = randR* I_new(:,:,1)+(1-randR)*I(:,:,1);
24. I_new1(:,:,2) = randG* I_new(:,:,2)+(1-randG)*I(:,:,2);
25. I_new1(:,:,3) = randB* I_new(:,:,3)+(1-randB)*I(:,:,3);
26.
27. figure, subplot(131); imshow(I); title('原图像');
28. subplot(132); imshow(I_new); title('加滤镜后图像');
29. subplot(133); imshow(I_new1); title('随机调整图像');
30. set(gcf, 'Position', [100, 300, 800, 200]);
```

　　(a)原图像　　　　　　　　(b)加滤镜后图像　　　　　　(c)随机调整图像

图 11.11　图像加滤镜示例

若想避免循环操作,可以将第 9～18 行代码替换为:

```
I_1= permute(I, [3,1,2]);                                    % 将 MxNxK 的矩阵 I 变为 KxMxN 维
I_2= reshape(I_1,size(I_1,1),size(I_1,2)*size(I_1,3));        % 平铺,变为 Kx(MxN)维
I_new_2= ColorMatrix'*I_2;                                    % 新图像,Kx(MxN)维
I_new_1= reshape(I_new_2,size(I_1,1),size(I_1,2),size(I_1,3));% 重整为 KxMxN 维
I_new= permute(I_new_1,[2,3,1]);                              % 重整为 MxNxK 维
```

在例 11.8 给出的代码中,ColorMatrix 矩阵实现的即是色彩通道的调整,如果原图像的色彩标记为 $[R, G, B]$,处理后的图像的色彩标记为 $[r, g, b]$,则 ColorMatrix 可理解为:

$$\text{ColorMatrix}=\begin{array}{c}R\\G\\B\end{array}\begin{matrix}r&g&b\\\left[\begin{matrix}*&*&*\\*&*&*\\*&*&*\end{matrix}\right]\end{matrix} \tag{11.2}$$

比如:想将令原图像 RGB 通道变成 BGR,则可以令 ColorMatrix 为:

$$\text{ColorMatrix}=\begin{array}{c}R\\G\\B\end{array}\begin{matrix}r&g&b\\\left[\begin{matrix}0&0&1\\0&1&0\\1&0&0\end{matrix}\right]\end{matrix} \tag{11.3}$$

11.3.2　像素级的色度操作

确切地说,这一小节所举的几个例子并不属于图像增强技术,但它们也属于"点处理"操作,因此放在这个实验中。首先讲讲二值化,在某些应用中,我们可以利用二值化操作得到图像感兴趣区域的提取(图像分割)。

```
1. clear all; close all;
2. I = imread('cameraman. tif');
3. if size(I,3)> 1
4.     I = rgb2gray(I);
5. end
6. mu_I = mean(double(I(:)));        % 像素点的均值(阈值),也可选为中位数(median)试试
7. I_bw = (I>mu_I);                  % 把 I 中像素归类为 0 或 1
8. figure, imagesc(I_bw);colormap(gray);
```

上面这段代码对图像各个像素值通过比较其亮度值与某阈值的大小而进行量化（0或1二值量化）。结合前面提到的色彩通道的操作，我们可以用类似的思路实现一些操作。比如：可以尝试一下在色调通道或饱和度通道进行选择、变化。例 11.9 展示了"保留红色"的操作，其运行结果如图 11.12 所示。

例 11.9　保留红色（根据色调值改变饱和度）。

```
1. clear all; close all;
2. I = imread('poppy. jpg');
3.
4. I_hsv = rgb2hsv(I);
5. hue = I_hsv(:,:,1);
6. sat_new = I_hsv(:,:,2);
7. sat_new(hue< 0. 95 & hue > 0. 05) = 0;
8. I_hsv(:,:,2) = sat_new;
9. I_new = hsv2rgb(I_hsv);
10.
11. figure, subplot(121); imshow(I);
12. title('原图像','fontsize',14);
13. subplot(122); imshow(I_new);
14. title('变换后的图像','fontsize',14);
15. set(gcf, 'Position', [100, 300, 800, 200]);
```

(a)原图像

(b)变换后的图像

图 11.12　图像仅保留红色示例

（图片来源：https：//www.hippopx.com/zh/cereals-field-ripe-poppy-poppy-flower-summer-red-53358）

在例 11.9 代码中，执行第 7 行代码可以找出所有色调值不属于红色范畴的像素，并将这些像素点的饱和度设置为 0，这样等效于在图像中仅保留了红色。

另外，例 11.10 展示了"红色变蓝色"的操作，其运行结果如图 11.13 所示。

例 11.10　红色变蓝色（改变特定色调值）。

```
1. clear all; close all;
2. I = imread('poppy. jpg');
3. I_hsv = rgb2hsv(I);
4.
5. hue = I_hsv(:,:,1);
6. hue_new = hue;
7. hue_new(hue > 0. 95 | hue < 0. 05) = 0. 6;    % 选定合适的色调值范围,以及改变后的色调值
```

8.
9. I_hsv(:,:,1) = hue_new;
10. I_new = hsv2rgb(I_hsv);
11. figure, subplot(121); imshow(I);
12. title('原图像','fontsize',14);
13. subplot(122); imshow(I_new);
14. title('变换后的图像','fontsize',14);
15. set(gcf, 'Position', [100, 300, 800, 200]);

(a)原图像　　　　　　　　　　　　　　(b)变换后的图像

图 11.13　图像红色转蓝色示例

这样便可以实现非常简易的特效。大家肯定能从中发现可以改进的地方,可以用几幅自己喜欢的图片进行实践,尝试更精细化的调整效果。

作　业

1. 读入一幅灰度图像:

(1) 进行如图 11.14 所示的分段线性灰度变换:其中 $Dc=120, Da'=10, Dc'=150$, $Db'=200$(Da 和 Db 是所读入图像的灰度值范围边界)。注意,如果读入的灰度图像像素值范围是$[0,1]$,那么上述 Dc, Da', Dc', Db' 均应除以 255。

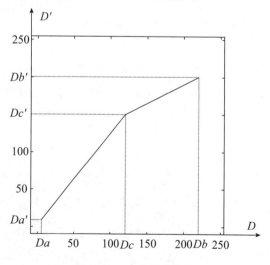

图 11.14　分段线性变换

(2)用 imadjust 函数将灰度范围从[10,105]映射到[80,180],再用不同的 γ(0.6,1,1.5)对图像进行修正,并显示结果及相应的直方图。注意,如果读入的灰度图像像素值范围是[0,1],那么上述两个范围[10,105]与[80,180]均应除以 255。

2. 彩图的均衡化。

读入一幅彩图 I:

(1)对 I 的 RGB 三个通道分别采用 histeq 进行直方图均衡化,生成结果 I_1,展示结果。

(2)将其转换至 YIQ 色彩模式或者 HSV 色彩模式,对其中的亮度通道进行直方图均衡化,再返回到 RGB 色彩模式,将结果命名为 I_2,展示结果。

(3)比较上两道题的结果 I_1 与 I_2,并讨论。

3. MATLAB 自带的图像:office 1. jpg,office 2. jpg,office 3. jpg,……,office 6. jpg 是同一个场景在不同光强下拍出的照片效果。

(1)读入这 6 张图片,分别展示其灰度直方图,并讨论你所观察到的现象。

(2)用 histeq 对 office 1. jpg 与 office 6. jpg 做直方图均衡化处理(根据对亮度通道进行均衡化的方法),显示结果,以及处理后的直方图。

4. 饱和度的调整。

读入一幅彩图:

(1)将其饱和度调整至最大,展示结果并讨论,尤其注意原图中白色区域的变化情况。

(2)将其饱和度调整为最小,展示结果并讨论。

> **注　意**
>
> 饱和度是如何定义的?

5. 色度调整。

读入一幅彩图:

(1)调整例 11.5 代码中第 4 行代码的值,在[0,1]内取值,比如取:0,0.1,0.2,0.5,0.7,0.9,展示调整色度后的结果。

(2)请结合对 Hue 通道的认识,解释上面的结果。

6. 在光线不佳的条件下拍一幅图像,然后:

(1)选择一些本次课上提到的方法对它(亮度、色度、饱和度、对比度等)进行调整,令照片更清晰,展示处理前后的图片。

(2)参考例 11.7 代码加入滤镜,展示滤镜加入前后的效果。

(3)(选做)参考例 11.8 或例 11.9,改变图像中的某个色度或饱和度。

 附加题 (选做)

关于滤镜,有一种宝丽来(Polaroid)色是图像处理软件中常用的,这种色彩比较鲜艳,在展示时需要相应地设置透明通道(alpha data),具体的代码如下:

```
1.  I = imread('···');              %  读入一张 RGB 图像
2.  I = im2double(I);
3.  %% 宝利来色 Polaroid Color
4.  ColorMatrix = [1. 438 -0. 062 -0. 062; -0. 122 1. 378 -0. 122; -0. 016 -0. 016 1. 438];
5.  alpha_matrix = [-0. 03 0. 05 -0. 02];
6.
7.  I_new = zeros(size(I));
8.  width = size(I,2);
9.  height = size(I,1);
10. alpha_data = zeros(height, width);
11. for k1 = 1:height
12.   for k2 = 1:width
13.     color = I(k1,k2,:);
14.     new_color = color(:)'*ColorMatrix;
15.     I_new(k1, k2,:) = new_color;
16.     alpha_data(k1, k2) = alpha_matrix*color(:);
17.   end
18. end
19. alpha_data = alpha_data+1;
20. figure, subplot(121); imshow(I);
21. subplot(122); h = imshow(I_new);
22. set(h,'AlphaData',alpha_data);
```

请你用自己的图片展示一下这段代码的效果,并讨论透明通道的用处。

实验 12　图像的滤波

在数字图像处理中,卷积是非常重要的操作,而卷积的实现可以在空间域或者频域。比如:在实验 10 的第 10.2.2 节,我们将空间域的卷积(相关)转换成频域中的逐点相乘。在本次实验中,我们将更系统地介绍卷积操作的不同实现方式,以及涉及卷积的一些具体应用。

在本次实验开始前,先简要介绍一下"卷积"与"相关"两种操作。卷积的步骤可分为:

(1)准备输入图像和滤波器,二者的尺寸理论上没有限制,但实际中使用的滤波器常常远小于图像尺寸,且常选择为奇数行/列数。

(2)将滤波器在水平、垂直两个方向上进行翻转。比如:

$$\begin{bmatrix} a & d & g \\ b & e & h \\ c & f & i \end{bmatrix} \xrightarrow{\text{水平翻转}} \begin{bmatrix} g & d & a \\ h & e & b \\ i & f & c \end{bmatrix} \xrightarrow{\text{垂直翻转}} \begin{bmatrix} i & f & c \\ h & e & b \\ g & d & a \end{bmatrix}$$

从结果中可以看到,这两步操作整体效果等同于沿滤波器中心点进行翻转。

(3)将翻转后的滤波器从输入图像的左上角开始,逐步在图像上滑动;在滤波器覆盖的每个局部区域内,将滤波器的权重与对应的输入图像元素相乘并求和(即计算点积),作为输出矩阵中的一个元素值。重复这个滑动及计算点积的过程,直到滤波器覆盖所有可能的局部区域。

而相关操作与卷积操作基本一致,只是在第(2)步中滤波器不用经过翻转的过程,其他步骤都一样。

12.1　两种滤波操作方式

12.1.1　卷积运算(空域滤波)

直接在空间域内实现卷积操作可以用 conv2,imfilter,filter2 三个函数。但这三个函数在使用方法上有些值得注意的区别。假设待滤波的矩阵(图像)为 x,滤波矩阵(滤波器、卷积核、模板)为 h:

(1)$y = \text{conv2}(x, h)$ 是标准的二维卷积操作。我们知道,卷积操作和相关操作很相似,如果把滤波器 h 视为一个模板的话,卷积操作与相关操作都涉及 x 与模板相乘累加的操作,而它们的差别是生成模板时卷积操作需要有个对 h"翻转"的过程,而相关操作则不用翻转。conv2 就是标准的卷积操作,有经过翻转。另外,假设 x 的维数是 $[m_x, n_x]$,h 的维数是 $[m_h, n_h]$,则 conv 在默认情况下输出矩阵 y 的维数是 $[m_x + m_h - 1, n_x + n_h - 1]$。

（2）$y = \text{imfilter}(x, h)$ 则是相关操作,输出的矩阵维数与 x 相同。若希望 imfilter 输出与 conv 相同的结果,可加入相应的参数要求:

```
y = imfilter(x,h,'full','conv');
```

（3）filter2 函数使用时将滤波矩阵 h 输入为第 1 个参量,而待滤波的图像矩阵输入为第 2 个参量,即:$y = \text{ilter2}(h, x)$,这样的输出结果与 imfilter 是完全一致的。

也就是说,imfilter 函数可以实现 conv2 或 filter2 的功能,并且可以对待处理图像边缘进行不同的设置,具体请大家参阅它的帮助文档。另外,imfilter 可以直接输入 3 通道的图像矩阵 x,而 conv2 与 filter2 不行,因此 imfilter 使用会更方便些,在下面的代码中我们只用 imfilter 函数进行卷积运算。

另外,在默认设置下,对图像进行滤波计算时,原图像四周将会填充 0,填 0 的多少取决于卷积核的大小,大家可以看图 12.1 的补 0 示意图;补 0 后的图像再经由卷积核(模板)进行移动加权求和(图 12.2 中展示了输出结果中第 1 个点与最后 1 个点的生成)。而 0 填充可能会使得输出的图像周围比内部像素值低,显出一圈黑影,尤其是在希望输出完整滤波结果的情况下[比如 $y = \text{imfilter}(x, h, \text{'full'})$]。为了改善这个问题,imfilter 中可选择非零填充的方式,比如:

（1）I_out $= \text{imfilter}(I, h, \text{'replicate'})$ 是用边界复制方式填充外围。

（2）I_out $= \text{imfilter}(I, h, \text{'circular'})$ 是用边界循环方式填充外围。

（3）I_out $= \text{imfilter}(I, h, \text{'symmetric'})$ 是用边界对称方式填充外围。

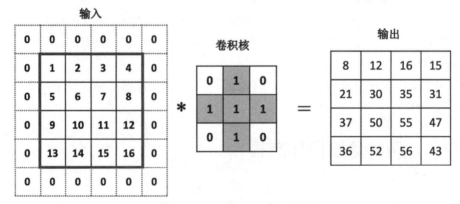

图 12.1 卷积(输入外围补 0)

例 12.1 不同外围填充方式对应的卷积结果。

```
1. clear all; close all;
2. I = imread('cameraman. tif');
3. h = ones(21); h = h/sum(h(:));
4. I_out1 = imfilter(I, h);
5. I_out2 = imfilter(I, h, 'sym');
```

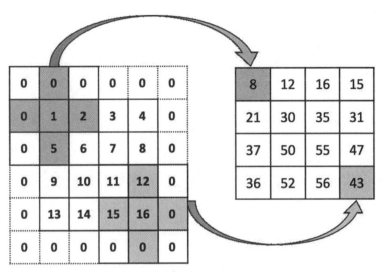

图 12.2　卷积(卷积核的移动加权求和)

```
6. figure, subplot(121); imshow(I_out1); title('补 0 填充卷积')
7. subplot(122); imshow(I_out2); title('对称填充卷积')
8. set(gcf, 'Position', [100, 300, 550, 220]);
```

在例 12.1 中生成一个 21×21 的平均器(第 3 行代码),并将其与原图像进行卷积,等同于将原图像通过一个低通滤波器,在第 4~5 行代码中采用两种边缘填充方式进行卷积,从结果图 12.3 可以看出,补 0 填充(默认方式)可能使卷积结果的四周出现黑边,而对称填充的方式则使图像四周区域较自然一些。

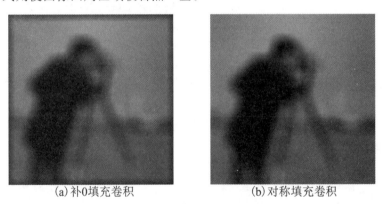

(a)补0填充卷积　　　　　　(b)对称填充卷积

图 12.3　低通滤波结果(两种边缘填充方式)

12.1.2　频域滤波

一般而言,卷积操作是在空间域进行的。空间域的卷积就等同于频域内的逐点相乘(Hadamard 乘),频域逐点相乘操作在矩阵大的情况下往往可以加速计算过程。我们可以用下面的代码验证一下空间域、频域两种操作方式的等效性。

例 12.2 空间域卷积,以及频域逐点相乘。

```
1. clear all; close all;
2. X = [1 1 0; 1 1 1; 0 0 0; 0 1 0];
3. h = [1 2; 3 4];
4. Y0 = imfilter(X, h,'full','conv');            % 空间域二维卷积
5. [mx, nx] = size(X);
6. [mh, nh] = size(h);
7. my = mx+mh-1;
8. ny = nx+nh-1;
9. Y1 = real(ifft2(fft2(X, my, ny). * fft2(h, my, ny)));   % 频域逐点相乘计算卷积
10. err = sum(abs(Y0(:)-Y1(:))),                 % 误差
```

可以从命令窗口看到运行结果的误差 err 很小,说明这两种操作是等效的。

由于在图像处理中,我们常常希望输入矩阵与输出矩阵大小相同,即卷积操作不改变图像的大小,因此更多时候会使用"Y0 = imfilter(X, h);"或"Y0 = imfilter(X, h,'conv');"。而在频域计算之后,会去掉若干起始的行与列,得到与输入尺寸相同的输出。另外,滤波器 h 常选择为奇数行、奇数列,这样更便于生成与输入图像同等尺寸的滤波结果。

上面的例子证明了频域逐点相乘等效于空间域卷积。因此要实现滤波也可以直接在频域进行,比如将图像变换至频域(表示为 S_I),设计一个频域内的滤波模板(表示为 S_h,与 S_I 尺寸一致),通过将 S_h 与 S_I 的逐点相乘,将 S_I 中我们不想要的部分置 0,再返回至空间域完成滤波过程。

这种"频域滤波"的关键在于设计频域内的滤波模板,即直接生成滤波器的频域响应。比如可选择高斯函数:

$$H_h(u,v) = \frac{1}{2\pi\sigma^2}\exp\left[-\frac{(u-M/2)^2+(v-N/2)^2}{2\sigma^2}\right] \tag{12.1}$$

其中 $[M,N]$ 是原图像转到频域中后的维数,而 σ 是与滤波范围(半高宽)有关的参数。这样一个滤波器的频率响应是中间(高频)高,四角(低频)低,对应于直接傅里叶变换后的图像频谱。实现高通滤波例子如下:

例 12.3 高斯高通滤波器(频域滤波)示例。

```
1. clear all; close all;
2. I = imread('poppy. jpg');
3. I = im2double(I);
4. [M, N, K] = size(I);
5. Cu = 0. 5*N; Cv = 0. 5*M;
6. R = 180;                          % 滤波范围
7. u = 0:N-1;
8. v = 0:M-1;
9. [U V] = meshgrid(u, v);
10. Hh = exp(-((U-Cu). ^2+(V-Cv). ^2). /2/R. ^2);  % 滤波器
11. for k = 1:K
12.     I_out(:,:,k) = real(ifft2(fft2(I(:,:,k). *Hh));
13. end
14. figure, imshow(I); title('原图');
15. figure, imshow(abs(I_out)/max(abs(I_out(:)))); title('高通滤波结果');
```

在这个例子中,我们对图 12.4 所示的花朵图片进行高通滤波,本例中的滤波是通过将原图像的频谱与滤波器的频域模板逐点相乘实现的,在图 12.5 中展示了高通滤波的结果,可以看到,清晰的边缘(比如:花朵边缘、稻草)被提取出来,而平滑区域(背景)成分幅度变低。在第 6 行代码中对频域筛选区域进行控制,当 R 减小时,频域内的通带范围减小;反之,当 R 增大时,频域内通带范围增大。大家可以调整不同的 R 值,看看效果。

图 12.4　原图

(图片来源:https://www.hippopx.com/zh/cereals-field-ripe-poppy-poppy-flower-summer-red-53358)

图 12.5　高通滤波结果

12.2　低通滤波的应用:去噪

设置一个最简单的低通滤波器:$h = \text{ones}(7)/49$,在执行这个 h 与 X 卷积的操作时,等同于把 X 的每个像素点在其 7×7 的邻域内进行平均,这种平均操作可起到低通滤波的效果。而低通可以达到去噪、平滑的目的。

例 12.4　低通滤波示例(平均器)。

```
1. clear all; close all;
2. I = imread('fairyland-canyon-utah-park-milky-way-preview. jpg');
3. I = im2double(I);4. h = ones(7,7)/49;
5. I_out = imfilter(I, h);
6. figure, imshow(I); title('原图像');
7. figure, imshow(I_out); title('低通滤波结果');
```

在这个例子中,原图(图 12.6)上的夜景会有一些噪点(与星星混杂在一起),经过平均器低通滤波之后(图 12.7),每一个像素点的能量都分散到了其邻域范围内,噪点被平滑掉了,但物体的边缘也变得不清晰了,多数星星也消失了。

图 12.6 原图

图片来源:https://www. hippopx. com/zh/fairyland-canyon-utah-park-milky-way-national-park-bryce-canyon-twilight-13269#google_vignette。

图 12.7 低通滤波结果

为什么上述的滤波器 h 是"低通"呢? 我们可以看一下它的频谱:

```
h= ones(7)/49;
[mx, nx] = size(I);
S_h = fftshift(fft2(h, mx, nx));
fx = -0.5:1/mx:0.5-1/mx;
fy = -0.5:1/nx:0.5-1/nx;
figure, mesh(fy, fx, abs(S_h));
```

很显然,图 12.8 所示的频谱在低频处有大的响应,而在高频处衰减下去。在衰减的过程中有很多鼓包(旁瓣),说明这种简单低通滤波器频率响应并不好,实际应用中我们常采用频谱响应更平滑的低通滤波器。

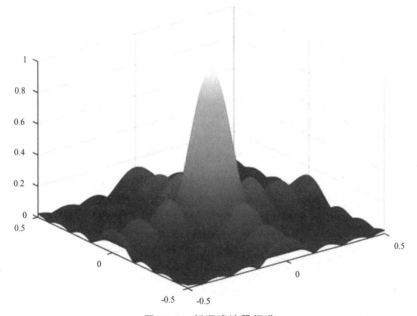

图 12.8　低通滤波器频谱

在 MATLAB 中,使用 fspecial 函数可以产生一些特殊滤波器,大家可以看一下这个函数的帮助文档,尝试用它生成不同的滤波器,并观察一下这些滤波器的频率响应。另外,还有一些常用的滤波器核,比如:

$$\boldsymbol{h}=\frac{1}{16}\begin{bmatrix}1 & 2 & 1\\2 & 4 & 2\\1 & 2 & 1\end{bmatrix}\tag{12.2}$$

大家可以尝试进行操作。

12.3　高通滤波的应用:边缘提取

典型的高通滤波器如拉氏算子:$\boldsymbol{h}=\begin{bmatrix}0 & 1 & 0\\1 & -4 & 1\\0 & 1 & 0\end{bmatrix}$,其频谱如图 12.9 所示。

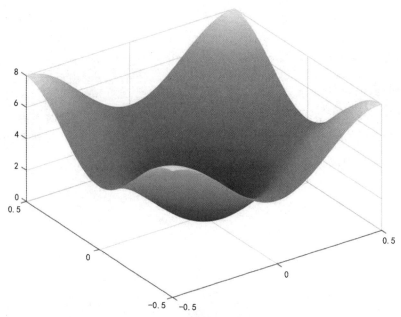

图 12.9　高通滤波器频谱

　　中间(零频)低,四角(高频)高,说明是高通滤波器。也可以利用 fspecial 函数造一个 Laplacian 高通滤波器。示例文件运行结果如图 12.10 所示。

　　例 12.5　高通滤波示例(Laplacian)。

```
1. I = imread('cameraman. tif');
2. %  h = [0 1 0; 1 -4 1; 0 1 0];        % 等效于 h = fspecial('laplacian',0)
3. h = fspecial('laplacian');            % 等效于 h = fspecial('laplacian',0. 2)
4. I_out = imfilter(I,h);
5. figure,subplot(121);imshow(I); title('原图像');
6. subplot(122);imshow(I_out); title('高通滤波结果');
7. set(gcf, 'Position', [100, 300, 550, 220]);
```

(a)原图像　　　　　　　　　　(b)高通滤波结果

图 12.10　**Laplacian 高通滤波器结果展示**

— 130 —

可见,高通滤波可起到边缘检测的作用。将 **h** 矩阵输出,可以发现这个高通滤波器系数为:

$$\boldsymbol{h} = \frac{1}{3}\begin{bmatrix} 0.5 & 2 & 0.5 \\ 2 & -10 & 2 \\ 0.5 & 2 & 0.5 \end{bmatrix} \tag{12.3}$$

除了 Laplacian 之外,fspecial 也可以生成其他几种特定规格的高通滤波器,比如 sobel,Prewitt,Log 等等。

传统的边缘检测算法一般都是基于上述的高通滤波完成的,为了实现完整的边缘检测功能,高通滤波得到的图像需要经过二值化,最终得到关于边缘的"模板"。MATLAB 中提供了一些较成熟的边缘提取算法,大家可以用 edge 函数调用,这个函数会输出一个二值图像,标记出图像边缘。常用的边缘提取算法 sobel,Prewitt,Log 都集成于这个函数中。比如:

```
I= imread('cameraman. tif');
I_edge = edge(I,'sobel');        % I 必须是二维,不能输入彩图
figure,imshow(I_edge);
```

edge 函数的功能很强大,读者可根据帮助文档尝试更多的调用方法。

12.4 高通滤波的应用:边缘增强、锐化

为了起到增强图像边缘的作用,可以将高通滤波的结果与原图像进行叠加:

例 12.6 边缘增强。

```
1. clear all; close all;
2. h = fspecial('laplacian');
3. I = imread('mountains- passes- clouds- mist- preview. jpg');
4. I = im2double(I);
5. yiq = rgb2ntsc(I);
6. yiq1 = yiq(:,:,1); yiq2 = yiq(:,:,2); yiq3 = yiq(:,:,3);
7.
8. I_out = imfilter(yiq1, h);
9. yiq_new = yiq;
10. yiq_new(:,:,1) = yiq1-I_out;
11. I_enhance = ntsc2rgb(yiq_new);
12. I_enhance = I_enhance-min(I_enhance(:));
13. I_enhance = I_enhance/max(I_enhance(:));
14. figure, imshow(I); title('原图');
15. figure, imshow(I_enhance); title('边缘增强结果');
```

相比于图 12.11 展示的原图,图 12.12 的结果在山脉边缘可见明显的轮廓线增强。

图 12.11　原图

（图片来源：https://www.hippopx.com/zh/mountains-passes-clouds-mist-haze-hover-silhouette-10537）

图 12.12　边缘增强结果

需要特别注意的是，高通滤波器的作用是提取边缘，而边缘增强靠的是将高通滤波结果与原图像进行叠加（某些时候是相减），不能说"高通滤波起到边缘增强的效果"，例 12.7 所示的边缘增强处理等效于将原图像经过一个系数 h_{enhance} 的滤波器，

$$h_{\text{enhance}} = \begin{bmatrix} 0 & 0 & 0 \\ 0 & 1 & 0 \\ 0 & 0 & 0 \end{bmatrix} - \frac{1}{3} \begin{bmatrix} 0.5 & 2 & 0.5 \\ 2 & -10 & 2 \\ 0.5 & 2 & 0.5 \end{bmatrix} = \frac{1}{3} \begin{bmatrix} -0.5 & -2 & -0.5 \\ -2 & 13 & -2 \\ -0.5 & -2 & -0.5 \end{bmatrix} \quad (12.4)$$

这个滤波器的频率响应等同于高通滤波器叠加上一个全通滤波器。式(12.4)所示滤波器也可以用以下代码生成：

```
h_enh= fspecial('unsharp');
```

边缘增强也被称为"锐化"，这种操作在图像处理中非常常见，有时会被用于某种特效滤镜。常用的锐化模板如：

$$\boldsymbol{h}=\begin{bmatrix} 0 & -1 & 0 \\ -1 & 5 & -1 \\ 0 & -1 & 0 \end{bmatrix} \tag{12.5}$$

$$\boldsymbol{h}=\begin{bmatrix} -1 & -1 & -1 \\ -1 & 9 & -1 \\ -1 & -1 & -1 \end{bmatrix} \tag{12.6}$$

$$\boldsymbol{h}=\begin{bmatrix} -1 & 0 & -1 \\ 0 & 5 & 0 \\ -1 & 0 & -1 \end{bmatrix} \tag{12.7}$$

图 12.13 所示原图使用滤波器后得到的锐化结果见图 12.14～图 12.16。

图 12.13　原图

（图片来源：https://www.hippopx.com/zh/forest-landscape-sun-trees-nature-wood-winter-9131）

图 12.14　使用式(12.5)滤波器的锐化效果

图 12.15　使用式(12.6)滤波器的锐化效果

图 12.16　式(12.7)滤波器的锐化效果

　　这种操作将勾画、强调某个特定方向的图像轮廓,生成具有凹凸感的浮雕效果。大家可以比较一下这三个滤波器的频谱,以分析它们的滤波效果。

 作　业

　　1. 设有一个矩阵

$$\boldsymbol{I} = \begin{bmatrix} 0 & 1 & 2 & 3 \\ 4 & 5 & 6 & 7 \\ 8 & 9 & 10 & 11 \end{bmatrix} \tag{12.8}$$

以及一个卷积核

$$\boldsymbol{h} = \begin{bmatrix} 0 & 0.1 & 0 \\ 0.2 & 0.6 & 0.1 \\ 0.4 & 0.5 & 0.1 \end{bmatrix} \tag{12.9}$$

　　(1) 使用"imfilter(I,h)""conv2(I,h)""filter2(h,I)"三种操作结果分别是什么? 讨论这三种不同的卷积的过程(用文字描述或配合草图)。

(2) 改变式(12.9)中这个 3×3 卷积核的值,讨论"imfilter(I,h)""conv2(I,h,'same')"这两种操作在 h 满足什么条件的情况下将得到相等的结果,并用一个例子验证你的结论。

┌─ **提　示** ─────────────────────────────┐

想一想卷积操作与相关操作的区别,什么情况下卷积操作与相关操作有相同的结果?

└──────────────────────────────────────┘

2. 关于例 12.3 所展示的频域滤波代码;

(1) 画出例 12.3 生成的滤波器 H_h,分析它的特点,分析 R 值对滤波器频率特性的影响。

(2) 画出滤波前后的图像频谱(只需要幅度谱,不用展示相位)。

(3) 将这段代码改成低通滤波,展示滤波前后的图像。

┌─ **注　意** ─────────────────────────────┐

滤波器的频谱 H_h 中间高、四角低;若不改变滤波器 H_h 的生成函数,而把原图像的频谱经过 fftshift 之后,原图像频谱低频位于中间,高频位于四角,则与 H_h 逐点相乘后,便能起到滤除高频、保留低频的作用。

└──────────────────────────────────────┘

3. 参考帮助文档,利用 fspecial 函数生成三种不同的空间低通滤波模板(average,disk,gaussian),滤波器尺寸定为 9×9,对于 gaussian 滤波器,你可以自行设计合适的 sigma 参数值。

(1) 找一张图像,用这三种滤波器对其滤波,展示滤波效果。请使用 imfilter 函数。

(2) 画出三种滤波器的频谱,频谱的尺寸与图像尺寸一致,令频谱的低频在中心,高频在四角。

(3) 将原图像减去 gaussian 滤波器的输出图像(在计算前最好转成 double 型数据),请展示并分析结果。

> h = fspecial('average',hsize) 生成一个尺寸为 hsize 的均值滤波器的系数矩阵 h
>
> h = fspecial('disk',radius) 生成一个半径为 radius 的圆盘均值滤波器的系数矩阵 h,尺寸为 (2*radius+1, 2*radius+1)
>
> h = fspecial('gaussian',hsize,sigma) 生成一个尺寸为 hsize 的高斯低通滤波器的系数矩阵 h,其标准差是 sigma

4. 图 12.14～图 12.16 展示了使用三种锐化模板滤波的效果,但没有附上代码。请你复现这几张图的滤波结果,你也可以采用自己选择的图片来完成这道题。

5. 参考帮助文档,利用 fspecial 函数生成四种不同的高通滤波器(laplacian,log,prewitt,sobel),滤波器尺寸定为 3×3,你可以自行设计合适的参数值。

(1) 找一张图像,用这四种滤波器对其滤波,展示滤波效果。请使用 imfilter 函数。

(2) 画出四种滤波器的频谱,频谱的尺寸与图像尺寸一致,频谱的低频在中心,高频在四角。

> h = fspecial('laplacian',alpha) 生成一个 Laplacian 高通滤波器,调整 alpha 参数则可以控制生成的 Laplacian 滤波器的形状
>
> h = fspecial('log',hsize,sigma) 生成一个 returns a rotationally symmetric Laplacian of Gaussian filter of size hsize with standard deviation sigma.
>
> h = fspecial('prewitt') returns a 3by-3 filter that emphasizes horizontal edges by approximating a vertical gradient. To emphasize vertical edges, transpose the filter h'.

> h = fspecial('sobel') returns a 3-by-3 filter that emphasizes horizontal edges using the smoothing effect by approximating a vertical gradient. To emphasize vertical edges, transpose the filter h'.

6. 读入一幅灰度图像：

（1）利用 edge 函数中的 sobel，log，prewitt 三种方法进行边缘提取，展示效果。

（2）在灰度图像中加入适当的噪声，然后再利用上述三种方法进行边缘提取，展示效果。

（3）讨论一下所得结果。

7. 本节实验课讲到了低通滤波、边缘提取、边缘增强（锐化）三种类型的滤波器，请问它们各自具有什么特点？

```
提 示
    仔细观察矩阵元素求和结果，即"sum(h(:))"。
```

 附加题 （选做）

（1）有时我们可以用滤波器实现"混合图像"（hybrid images），这种混合图像在近看与远看（请摘掉眼镜）时会有不同的效果。比如图 12.17 所示例子，在近看时看到爱因斯坦，远看时可看到梦露。

大家可以尝试一下，找两张图像（做好对齐，使眉、眼、口、鼻尽量保持空间位置一致），把第一张图像的低频与第二张图像的高频叠加在一起，即可以实现这种混合效果。其中，滤波器可采用 fspecial 所生成的 gaussian 滤波器，滤波尺寸大的时候滤波器效果比较强，比如可选择滤波尺寸为 13×13 或更大，滤波器的参数 sigma 可在 20～100 取值。高通滤波可采用将原图像减去低通滤波的结果。

图 12.17　混合图像

（图片来源：https://commons.wikimedia.org/wiki/File:Hybrid_image_decomposition.jpg? uselang＝en ＃Licensing）

（2）混合图像对于两幅原始图像的对齐度是有要求的，要达到较好的实现效果并不是很容易，大家也可以尝试一些更简单的混合方式，比如将图像 I_0 的高频与背景图像 I_b 加权叠加在一起，比如：

```
I_hybrid= (1-alpha)*Ib+alpha*I0_high;        % alpha 为权重值
```

这样实现的效果是：在背景图像中显现出一些图像 I_0 的纹理细节，如图 12.18 所示，在星空中呈现出一张狐狸的脸。大家可以尝试一下，看看滤波器参数如何调整可以达到较为自然的融合效果。

图 12.18　混合图像

实验 13 降采样与升采样

我们之前用过 imresize 函数来改变一幅图像的尺寸,但并没有深究这个函数是如何实现的。改变图像尺寸的操作涉及很多值得讨论的数学问题,比如:

(1) 在一维时域信号的处理中,我们知道降采样可能会造成频谱的混叠失真。那么对二维图像的降采样是否也会有混叠失真? 它会造成什么样的视觉效果? 又应该如何克服?

(2) 如果我们想将低分辨率的图像升级成高分辨率的图像,就需要估计很多未采样点的值,应该如何估计?

本实验将重点讨论这两个问题。

13.1 降采样

13.1.1 自编降采样代码

降采样(downsampling)即指减小图像的尺寸(分辨率),最简单直接的做法即从原图中抽选一些行或列的像素值。比如:

例 13.1 将图像行、列降 4 倍采样(直接降采)。

```
1. clear all; close all;
2. I = imread('abstract-background-backgrounds-botany-preview.jpg');
3. I_d = I(1:4:end, 1:4:end, :);          % 每 4 行取 1 行,每 4 列取 1 列
4. figure,
5. subplot(121); imshow(I); title('原图像');
6. subplot(122); imshow(I_d); title('直接降采结果');
7. set(gcf, 'Position', [100, 300, 800, 250]);
```

从图 13.1 可以看到,直接降采之后,原本连续的线条断开,造成混乱的视觉效果,并且出现一些不真实的纹理效果,尤其是在原图像变化剧烈的地方(即纹理更为细密的地方)。这种不真实的纹理的产生即是降采样造成的混叠效应的表现。

混叠效应的原理即是降采样的过程中,高频成分(频率高于 1/2 采样频率的成分)折叠到了低频区。而为了去除混叠效应,必须在降采样之前加入抗混叠滤波器。

| (a)原图像 | (b)直接降采结果 |

图 13.1 直接降采结果

（图片来源：https://www. hippopx. com/zh/abstract-background-backgrounds-botany-color-detail-foliage-100135）。

例 13.2 将图像行、列降 4 倍采样（抗混叠滤波）。

```
1. clear all; close all;
2. I = imread('abstract-background-backgrounds-botany-preview. jpg');
3. h = fspecial('gaussian', [11 11], 2);        % 设置一个高斯低通滤波器
4. I_h = imfilter(I, h,'replicate');            % 先将图像低通滤波
5. I_h_d = I_h(1:4:end, 1:4:end, :);            % 降采
6. figure,
7. subplot(121); imshow(I); title('原图像');
8. subplot(122); imshow(I_h_d); title('低通降采结果');
9. set(gcf, 'Position', [100, 300, 800, 250]);
```

将图 13.2 与图 13.1 比较可以看出，低通滤波器能很好地改善混叠效应，虽然得到的图像比起原图像来说变得模糊了，图像质量下降，但这是降采样操作无法避免的损失，重点在于不会对图像的细节产生错误的估计，这便是比较合格的降采样结果。另外，大家可以比较一下例 13.1、例 13.2 生成的两个降采结果的尺寸，以及原图像的尺寸，对其降采率会有更具体的认识。

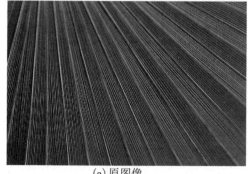

| (a)原图像 | (b)低通降采结果 |

图 13.2 低通滤波后再进行降采结果

139

这种降采样模式可以用公式表示为：$I_{degrade} = (I_0 * h)_{\downarrow}$，其中 h 代表模糊核，$*$ 代表卷积，$\downarrow$ 代表下采样，而 I_0 指高分辨的原图像。

至于第 2 行代码中 imfilter 函数的使用，其中加入了一个输入变量 replicate，即选择用边界复制方式填充外围，这样可以避免在图像边框上产生阴影，这点在第 12.1.1 节中有说明，大家也可以参考帮助文档看详细说明。

13.1.2 使用 imresize 降采样

在 MATLAB 中使用 imresize 降采样时采用的方法可以选择为最近邻（'nearest'）、双线性（'bilinear'）或双三次插值（'bicubic'），其中 bicubic 是默认（缺省）的方法。在第 9.2.2 节介绍过不同方法代表的含义，见表 13.1。

表 13.1　imresize 降采样采用的方法

方法	描述
'nearest'（最近邻法）	最近邻插值。对新图像中的每一个点，根据其相对坐标，在原图像中寻找相对坐标最接近的点并用其像素值进行赋值
'bilinear'（双线性）	双线性插值。对新图像中的每一个点，根据其相对坐标，在原图像中寻找其 2×2 邻域内的点，并进行线性插值以得到新的像素值
'bicubic'（双三次）	双三次插值（默认方法）。对于新图像中的每一个点，根据其相对坐标，在原图像中寻找其 4×4 邻域内的点，并进行三次插值（即用三阶多项式拟合邻点像素值）以得到新的像素值

若想使用不同的方法，只需要增加一个输入条件，如"I_d0 = imresize(I, 0.25, 'nearest')"，将实现用最近邻法进行降 4 倍采样（行、列各降 4 倍），而结果将与图 13.1 类似。

在图像降采样中最常用的方法是基于 bicubic 插值的方法，因为它能保留更好的细节品质，因此 bicubic 插值的方式也是 imresize 函数中图像降采样（或升采样）的缺省方法。这种方法在计算坐标为 (x, y) 处的像素值时，会采用其周围 4×4 邻域范围内的点进行加权估计，这个过程与加低通滤波核类似。大家可以用 imresize 函数试一下对例 13.1、例 13.2 中的图像进行降采，应该能看到比图 13.2 更好的降采结果。

不过值得一提的是，如果要模仿真实图像的退化过程，使用 bicubic 插值的方式得到降采图片并不一定是最合适的做法，因为真实图像在采集过程中可能的退化模型（模糊核）有很多种，若希望由高分辨率图像模拟真实情况下降采样的低分辨图像，那么使用第 13.1.1 节中的方法会更恰当，其中在例 13.2 第 3 行代码中可以针对实际退化过程设置滤波器参数。

13.2　升采样

对图像升采样（upsampling）也即提高图像的分辨率，又被称为超分辨（SR，super-resolution），是目前图像处理领域的热点问题之一。具体来说，我们采集到了一张图像，希望用算法将其分辨率提高，因此假设它是由一张高分辨的图像经过降质（degrading）得到的，我们的目标即是恢复出这张高分辨的图像，而图像降质过程是未知的。

在超分辨重建（或升采样）的过程中，我们需要估计出图像中未知的像素点。然而，从低分辨率的图像到高分辨率图片的重建任务是不适定问题，也就是说，可能存在无限多种重建结果，算法所要做的，是结合我们已有的一些对高分辨图像的认识（即：先验知识

prior knowledge），重建出尽可能自然的结果。

　　有几种升采样的方法，首先便是一些传统的插值算法，如 imresize 中使用的 bilinear、bicubic 就是很典型的两种算法，另外还有最近邻法（效果很差，一般是不用的）。

　　例 13.3　将低分辨率图像进行升采样（比较 bilinear 与 bicubic 结果）。

```
1. clear all; close all;
2. I = imread('cat-domestic-cat-animal-portrait-preview. jpg');
3. I = I(:, 200:end,:);
4. stepsize = 32;
5. I_low = imresize(I, 1/stepsize);
6. I_rec_bil = imresize(I_low, stepsize, 'bilinear');
7. I_rec_bic = imresize(I_low, stepsize, 'bicubic');
8. figure, set(gcf, 'Position', [100, 300, 1000, 300]);
9. subplot('Position',[0,0. 1,0. 3,0. 85]); imshow(I_low); title('低分辨图');
10. subplot('Position',[0. 33,0. 1,0. 3,0. 85]); imshow(I_rec_bil); title('imresize 升采样结果(bilinear)');
11. subplot('Position',[0. 65,0. 1,0. 3,0. 85]); imshow(I_rec_bic); title('imresize 升采样结果(bicubic)');
```

　　图 13.3 中（a）是低分辨图，（b）是 bilinear 的升采样结果，（c）是 bicubic 的升采样结果。可以看到，bicubic 算法得到的图像会更平滑一些。

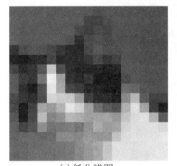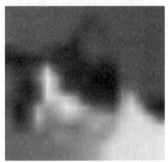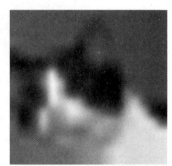

　　　(a)低分辨图　　　　　　(b)imresize升采样结果(bilinear)　　　(c)imresize升采样结果(bicubic)

图 13.3　两种空间域升采样结果

13.3　升采样的频域算法

　　上面提到的是基于空间域插值方法实现升采样，另外也可以通过频域进行升采样，这种方法在工业界应用很广，比如：基于 DCT 的插值滤波技术 DCTIF（DCT-based Interpolation Filter），其原理即基于 DCT 变换系数进行插值，类似于数字信号处理中的频域插值法。将这种插值算法用于图像升采样，可以得到比空间域插值更有效的结果。

　　下面举个简单的例子展示基于频域的插值方法。示例文件运行结果如图 13.4 所示。

　　例 13.4　基于 DCT 的简单升采样。

```
1. clear all; close all;
2. I = imread('cameraman. tif');
3. I = im2double(I);
```

```
4.  [m,n] = size(I);
5.  S = dct2(I);
6.  S1 = [S, zeros(m,n);zeros(m,2*n)]*2;
7.  I_r = idct2(S1);
8.
9.  figure, subplot('Position',[0. 05,0. 1,0. 3,0. 4]); imshow(I); title('原图像');
10. subplot('Position',[0. 37,0. 1,0. 6,0. 8]); imshow(I_r); title('2 倍升采样图像');
```

(a)原图像　　　　　　　　　(b)2倍升采样图像

图 13. 4　频域补 0 实现空间域升采样

这个例子只是简单地在频域进行补 0 操作以达到"升采样"的效果,即将原图像的频谱赋予新图像的低频部分,而新图像的高频全设为 0。因此所得的新图像可以保留原图像的低频信息(即光滑区域),而新图像的高频缺失,会造成边缘模糊的效果。另外由于高频强行置 0,等效于频域中加了矩形窗,因此空间域会出现振铃噪声(注意物体边缘附近,如图 13. 5 所示)。

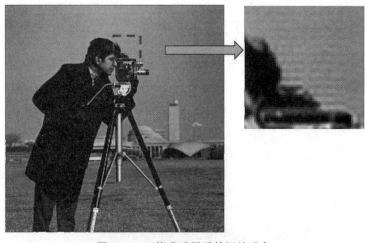

图 13. 5　2 倍升采样后的振铃现象

为了改善振铃现象，可以将图像进行分块操作，即先将图像分块，再对每一块进行上述操作（DCT 变换、高频补 0、IDCT 变换）。

例 13.5　基于块操作的 DCT 升采样。

```
1. clear all; close all;
2. I = imread('cameraman. tif');
3. I = im2double(I);
4.
5. size_blk = [8,8];
6. fun = @ (patch)idct2(padarray(dct2(patch,size_blk),size(patch),0,'post'))*2;
7. I_r = blkproc(I,size_blk,fun);
8. figure, subplot('Position',[0. 05,0. 1,0. 3,0. 4]); imshow(I); title('原图像');
9. subplot('Position',[0. 37,0. 1,0. 6,0. 8]); imshow(I_r); title('2 倍升采样图像');
```

示例文件运行结果如图 13.6 所示。

(a)原图像　　　　　　　　　　　(b)2倍升采样图像

图 13.6　频域补 0 实现空间域升采样（分块操作）

在例 13.5 中，第 6 行代码定义了一个函数：

```
fun= @ (patch)idct2(padarray(dct2(patch,size_blk),size(patch),0,'post'))*2;
```

先对每一个输入的图像块 patch 进行 DCT 变换，再将其频谱补 0 扩充至原先的 2 倍尺寸，接着将其进行 IDCT 变换变回空间域，最后乘上 2，以补偿频域补 0 扩充造成的空间域像素平均强度降低。

在第 7 行，采用 blkproc 函数实现对图像进行分块操作。除了这个函数外，还有 blockproc 函数同样可以实现分块操作的功能，但其用法略微有些不同，如果需要使用 blockproc，可将例 13.5 的第 6～7 行代码替换成：

```
fun = @ (patch)idct2(padarray(dct2(patch. data,size_blk),size(patch. data),0,'post'))*2;
I_r =  blockproc(I,size_blk,fun);
```

在实际应用中,基于 DCT 的升采样(或降采样)方法的设计会更细致,比如:通过一些更合理的方法估计高频成分,而不是直接补 0;或者,在获取了升采样的数据之后,往往还会加一个后处理的滤波操作,以得到更好的视觉效果。

13.4 非均匀采样

一般我们默认的信号采样方式是均匀采样,即相邻的两个采样点之间间隔(时间间隔或者空间间隔)保持不变。但有人证明非均匀采样(NUS, non-uniform sampling)可以在采样数据量一定的情况下获得更高的频率分辨率,因此非均匀采样数据重建也成为现在信号处理领域的热点问题之一。

在本实验中,我们只是简单尝试一下随机采样为数据分析带来的影响。

例 13.6 一维时域信号的随机采样。

```
1. clear all; close all;
2. N = 256;
3. n = 0:N-1;
4. xn = sin(0. 1*pi*n);
5.
6. num_points = ceil(N*0. 5);          % 降采样率为 50%
7. ind = randperm(N);
8. ind = ind(1:num_points);
9. ind = sort(ind);
10.
11. yn = zeros(size(xn));
12. yn(ind) = xn(ind);                  % 非均匀采样信号补 0
13.
14. figure, subplot(121); plot(n, yn,'r*');
15. hold on; plot(n, xn,'linewidth',1);
16. xlabel('n');
17. axis([0, N-1, -1, 1. 6])
18. legend('\ fontsize{12}采样信号(补 0)','\ fontsize{12}原信号');
19. legend('boxoff');
20.
21. Nf = N;
22. ff = 0:1/Nf:1-1/Nf;
23. subplot(122), plot(ff,abs(fft(yn,Nf)),'r:','linewidth',2);
24. hold on; plot(ff,abs(fft(xn,Nf)),'linewidth',1);
25. xlabel('\ omega/(2\ pi)');
26. legend('\ fontsize{12}非均匀采样信号频谱(补 0-FFT)','\ fontsize{12}均匀采样信号频谱');
27. legend('boxoff');
28. set(gcf, 'Position', [100, 300, 800, 220]);
```

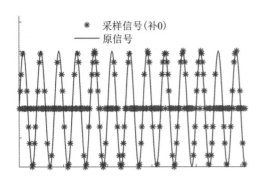
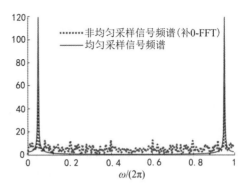

图 13.7 时域随机采样对信号频谱的影响

示例文件运行结果如图 13.7 所示。从上面的例子中可以看到,经过非均匀采样之后,如果对数据简单补 0,则所得频谱会有很明显的噪声。若希望改进这一结果,最简单的做法是对非均匀采样数据进行插值计算。可添加如下代码:

```
n_nus= n(ind);                          % 采样时刻
xn_nus= xn(n_nus+1);                    % 采样信号
F= griddedInterpolant(n_nus, xn_nus,'spline');   % 构建拟合函数
yn_interp2= F(n);                       % 获取在时刻 n 上的插值结果

figure, subplot(121); plot(n_nus, xn_nus, 'o');
hold on; plot(n, yn_interp2, 'r:','linewidth',1. 5);
xlabel('n');
legend('\ fontsize{12}采样信号 ','\ fontsize{12}插值结果 ');
legend('boxoff');
axis([0, N-1, -1, 1. 6])
subplot(122), plot(ff,abs(fft(xn,Nf)),'linewidth',1. 5);
hold on;plot(ff,abs(fft(yn_interp2,Nf)),'r:','linewidth',1. 5);
xlabel('\ omega/(2\ pi)');
legend('\ fontsize{12}均匀采样信号频谱 ','\ fontsize{12}非均匀采样信号频谱(样条插值-FFT)');
legend('boxoff');
set(gcf, 'Position', [100, 300, 800, 220]);
```

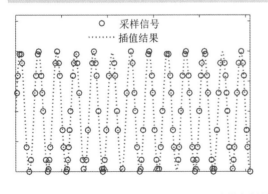
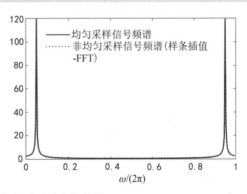

图 13.8 通过样条插值恢复时域缺失的数据

示例文件运行结果如图 13.8 所示。这个例子中采用 gridded Interpolant 函数并选择样条插值,以补全时域中丢失的数据,得到的频谱与原本均匀采样信号的频谱较为接

近。但如果降采样率进一步降低,则这个方法也会失效。所以在实际应用中,一般会采用适用性更广的优化重建算法。在实验 15 中我们也将介绍一些简单的优化重建算法。

 作 业

1. 找一张你喜欢的彩图,然后:

(1)根据例 13.1、例 13.2 代码将图像降采样至 1/4,展示并比较两种结果。

(2)使用 imresize 函数将图像降采样至 1/2,1/4,1/8(选择 bicubic 插值),并且将这些图像进行二维 DCT 变换,比较频谱。

(3)使用 imresize 函数将其降采样至 1/8,比较运用第 13.1.2 节中提到的三种方法所得到的图像的视觉效果。

> **注**
>
> DCT 变换前将图像转成灰度图。思考一下频谱的横轴、纵轴范围代表什么?

2. 在 Yale_32x32.mat 文件中有 165 张尺寸为 32×32 的人脸图像,请读入任意一张图片,然后使用 imresize 将其升采样至 2 倍、4 倍、8 倍尺寸(选择 bicubic 插值),并且将这些图像进行 DCT 变换,比较频谱。请讨论在升采样前后,图像的频谱有什么变化。

> **注**
>
> 读取可参考以下代码:
> load('Yale_32x32.mat');
> I= fea(1, :);   % 取第 1 张图片
> I= reshape(I, [32, 32]);
> I= I/max(I(:));

3. 修改例 13.4、例 13.5 的频域升采样代码,完成对彩图的频域升采样操作,要求:

(1)对彩图进行 2 倍、4 倍、8 倍升采样。展示代码与结果。

(2)比较这两种方法的结果,讨论它们各自的优缺点。

4. 将例 13.4 改为降采样的操作,请问若想得到空间域合理的降采样结果(与第 1 题的降采样结果进行比对),在频域内应该如何操作?展示 1/2,1/4,1/8 降采样的结果,并与 bicubic 方法进行对比。

5. 在 phantomdata1.mat 文件里存着一个核磁共振 k 空间(等同于频域)的数据 k_data,它是一个均匀采样(全采)数据,之前我们使用"abs(fftshift(ifft2(k_data)));"可以获取这个 k 空间数据对应的图像。现在请对 k_data 进行 50% 的随机采样(仿照例 13.6 第 6~12 行代码),然后生成图像,展示结果、代码,并讨论。

 附加题 (选做)

将例 13.5 改为降采样的代码,并实现 1/2,1/4,1/8 降采样的结果。

实验 14   图像复原 1:去噪

在这次实验中,我们将实践几个典型的图像去噪算法。首先将模拟实际环境下噪声干扰的情况,接着讨论不同类型的噪声的去除方式。

14.1   去噪问题

14.1.1   噪声的模拟

不理想的采集环境会使图像中混入噪声,若假设噪声为加性噪声,则数据模型表示为:

$$x = x_0 + w \tag{14.1}$$

其中 x_0 代表干净的图像,w 代表噪声,x 是采集到的图像。

若假设噪声是乘性噪声,则数据模型为:

$$x = x_0 \odot \sigma = x_0 + x_0 \odot (1-\sigma) \tag{14.2}$$

其中 $\odot$ 表示按位乘(element-wise product)或者称"Hadamard product",σ 是与 x_0 一样大的噪声矩阵。

在 MATLAB 中,使用 imnoise 加入高斯噪声或椒盐噪声(salt&pepper),实现的是加性噪声,即式(14.1)的模型。而如果是斑点噪声(speckle),则模仿的是乘性噪声。下面看三个简单的例子:

例 14.1   加入均值为 0、方差可调整的高斯白噪声。

```
1. clear all; close all;
2. I = imread('cameraman. tif');
3. I = im2double(I);
4. %%%%%%%%%%    add gaussian noise %%%%%%%%%%
5. sgm = 0. 1;                    % noise level
6. I_noisy = imnoise(I, 'gaussian', 0, sgm^2);
7. noise_gauss = I_noisy-I;
8. %
9. figure, subplot(121); imshow(I); title('原图像');
10. subplot(122); imshow(I_noisy); title(['加入方差为',num2str(sgm^2),' 的高斯白噪声']);
11. set(gcf, 'Position', [100, 300, 600, 250]);
```

示例文件运行结果如图 14.1 所示。

(a)原图像　　　　　　　　(b)加入方差为0.01的高斯白噪声

图 14.1　加入高斯白噪声示例

代码中第 6～7 行也可以用手动生成的高斯白噪声代替：

```
noise_gauss= sgm*randn(size(I));     % 这样构建出来的噪声能量等于 sgm^2*numel(noise)
I_noisy = I + noise_gauss;           % 加入高斯白噪声（均值为 0,方差为 sgm^2）
```

例 14.2　加入椒盐噪声。

```
1. % % % % % % % % %     add salt & pepper noise % % % % % % % % % %
2. d = 0. 1;
3. I_noisy = imnoise(I, 'salt & pepper', d);
4. noise_salt = (I_noisy==1);
5. noise_pepper = (I_noisy==0);
6. figure, subplot(121); imshow(I); title('原图像');
7. subplot(122); imshow(I_noisy); title(['加入 d 为 ',num2str(d),' 的椒盐噪声']);
8. set(gcf, 'Position', [100, 300, 600, 250]);
```

从图 14.2 中可以看到椒盐噪声的大致模式,生成这种噪声时,程序随机在图像上寻找一些点将其像素值置 0(胡椒),再随机寻找一些点将其像素值置 1(盐),所以在例 14.2 代码第 4～5 行,我们可依此提取出所有"盐"和"胡椒"的位置,以便后续进行观察。

(a)原图像　　　　　　　　(b)加入d为0.1的椒盐噪声

图 14.2　加入椒盐噪声示例

例 14.3　加入斑点噪声。

```
1. v = 0. 01;
2. I_noisy = imnoise(I, 'speckle', v);
3. noise_speckle = I_noisy-I;
4. figure, subplot(121); imshow(I); title('原图像');
5. subplot(122); imshow(I_noisy); title(['加入 v 为',num2str(v),' 的斑点噪声']);
6. set(gcf, 'Position', [100, 300, 600, 250]);
```

(a)原图像　　　　　　　　(b)加入*v*为0.01的斑点噪声

图 14.3　加入斑点噪声示例

下面我们把噪声画出来看一下：

```
figure, subplot(131); imshow(noise_gauss,[]); title('高斯噪声');
subplot(132); imshow(noise_salt+(-1)*noise_pepper,[]); title('椒盐噪声');
subplot(133); imshow(noise_speckle,[]); title('斑点噪声');
set(gcf, 'Position', [100, 300, 900, 250]);
```

可以看出，高斯噪声与椒盐噪声的分布均比较随机，与原图像间无关联性；而斑点噪声的分布与原图像有关，这从式(14.2)中也可以看出。

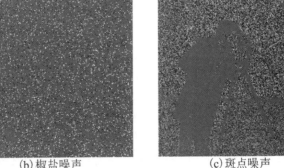

(a)高斯噪声　　　　　　(b)椒盐噪声　　　　　　(c)斑点噪声

图 14.4　三种噪声分布

14.1.2　评估指标

去噪算法是基于采集到的 x 复原出 $\hat{x}_0$（加帽子表示其是 x_0 的估计值）的过程。为了衡量估计结果的好坏（或加入噪声的大小），有几个常常使用的标准：

（1）均方误差 MSE（mean square error）：

$$\text{MSE} = \frac{1}{N} \| x_0 - \hat{x}_0 \|_2^2 \tag{14.3}$$

其中 x_0 与 x 要排成向量（而非矩阵），N 是该向量的长度。

（2）信噪比 SNR（signal-to-noise ratio）：

$$\text{SNR} = 10 \log_{10} \frac{\| x_0 \|_2^2}{\| x_0 - \hat{x}_0 \|_2^2} \tag{14.4}$$

（3）峰高信噪比 PSNR（peak signal-to-noise ratio）：

$$\text{PSNR} = 20 \log_{10} \frac{255}{\| x_0 - \hat{x}_0 \|_2} \tag{14.5}$$

（4）结构相似度 SSIM（structural similarity index）：

$$\text{SSIM}(X,Y) = \text{mean} \left\{ \frac{(2u_X u_Y + C_1)(2\sigma_{XY} + C_2)}{(u_X^2 + u_Y^2 + C_1)(\sigma_X^2 + \sigma_Y^2 + C_2)} \right\} \tag{14.6}$$

其中 u_X 与 u_Y 分别表示图像 X 与 Y 的均值，σ_X^2 与 σ_Y^2 分别表示图像 X 与 Y 的方差，σ_{XY} 表示图像 X 与 Y 的协方差，C_1 与 C_2 是两个选定的常数，mean 表示对矩阵中所有元素取均值。除了式（14.6）外对 SSIM 还有其他的计算形式，此处不展开讨论。

这四个指标中，PSNR 与 SNR 衡量的是重建后残留噪声的能量，而 SSIM 主要衡量重建图像与原图像的"结构相似程度"，这两种标准是相互独立的，去噪算法有时很难同时达到在这两类标准上的最优。

在 MATLAB 中，这些指标都有函数可以计算：snr、immse、psnr、ssim，大家可以直接调用。但在调用前请仔细查阅这些函数的帮助文档，以保证输入信息正确。

需要注意的是，这三个标准是需要在已知理想图像 x_0 的情况下才能给出结果的。在我们测试算法性能的时候，含噪图像由我们已有的理想图像生成，所以可以用这三个标准来衡量去噪结果。但在实际应用中，理想图像是未知的，就无法采用这三个标准衡量去噪结果。

14.2　线性滤波

在实验 12 中，我们介绍了图像的滤波操作，其中提到有两种设计滤波模板的方式，一种是设计空间域的滤波模板，比如用 fspecial 函数即可设计滤波器系数矩阵（卷积核），利用这个滤波矩阵与原图像的卷积，便可以得到滤波结果。另一种方式是直接设计频域的滤波模板，这一模板与原图像矩阵的频谱一样大，通过滤波模板与图像频谱的逐点相乘（以及随后的反傅里叶变换），便可得到滤波结果。

空间域的卷积与频域内的逐点相乘是等效的，这种滤波方式也可以被称为"线性滤波"，因为生成新像素点的方式是：

$$I_{\text{new}}(u,v) = \sum_{i,j} w_{ij} I(u_i, v_j) \tag{14.7}$$

其中，$I_{\text{new}}(u,v)$ 代表在 (u,v) 处的新像素点，(u_i,v_j) 是 (u,v) 的邻域点，w_{ij} 是滤波器卷积核系数，卷积过程即是利用邻域点的加权和生成新像素点。对于空间中任意一个像素点而言，加权方式（即 w_{ij} 构成的矩阵）都是相同的，即整幅图像经过了处处一致的卷积处理过程，故对应着的操作是线性滤波。

14.2.1　空间滤波（低通）

用 fspecial 函数可以生成几种不同的低通滤波器（平均器、高斯等），低通滤波器属于线性滤波，其原理是计算一个像素点的值时采用其若干领域点的加权叠加值替换。这种去噪算法的原理是应用了图像的局部相似性。因为图像中有用的信息总是主要集中于低频段，因此在进行去噪任务的时候需要采用低通滤波器保留低频段信息。在第 12 次实验的第 12.2 节中例 12.4 也展示了一个低通滤波去噪的例子，在此不再重复说明。

14.2.2　频域滤波

例 12.3 给了一个频域滤波的例子。而频域滤波对于正弦噪声（sinusoidal noise）或周期性噪声（periodic noise）尤其有效。比如图 14.5 存在非常明显的周期性噪声，严重影响了图像中信息的解读。图 14.6 展示了该含噪图像的频谱[（a）采用 imshow 展示，（b）采用 mesh 画图]，从中可以看出有四个单频噪声信号，通过读取这四个噪声点的频谱位置，我们可以设置相应的滤波器将这四个噪声成分滤除。

图 14.5　含有周期性噪声的图片

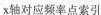

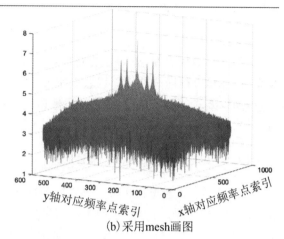

(a) 采用 imshow 展示

(b) 采用 mesh 画图

图 14.6　含有周期性噪声图片的频谱分析

例 14.4　正弦噪声去除。

```
1. clear all; close all;
2. I = imread('sine_noise. jpg');
3. I = im2double(I);
4. S_I = fftshift(fft2(I));
5. figure, subplot(121); imshow(I); title('含噪图像');
6. subplot(122); imagesc(log(abs(S_I))); title('频谱');
7. % noise position:(333, 233), (333, 333), (407, 233), (407, 333)
8.
9. [M, N] = size(I);
10. R = 5;                % filter size parameter
11. u = 0:N-1;
12. v = 0:M-1;
13. [U V] = meshgrid(u, v);
14. Cu = [333, 333, 407, 407];
15. Cv = [223, 333, 223, 333];
16.
17. Hh = ones(size(I));
18. for k = 1:length(Cu)
19.   Hh_k = 1-exp(-((U-Cu(k). ^2+(V-Cv(k). ^2). /2/R. ^2);
20.   Hh = Hh. *Hh_k;
21. end
22.
23. S_I_out = fftshift(fft2(I). *Hh;
24. I_out = real(ifft2(ifftshift(S_I_out)));
25. I_out = I_out- min(I_out(:));
26. I_out = I_out/max(I_out(:));
27.
28. S_I_out = fftshift(fft2(I_out));
29. figure, imshow(I_out); title('去噪后的图像');
30. figure, imagesc(log(abs(S_I_out))); title('频谱');
```

图 14.7　去除周期性噪声后的结果

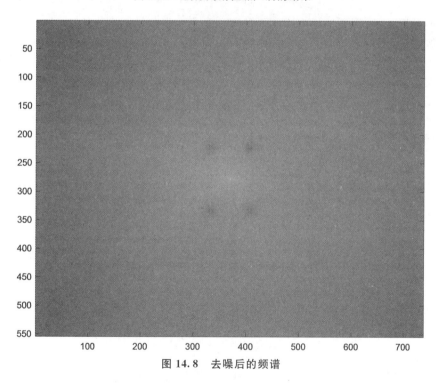

图 14.8　去噪后的频谱

　　示例文件运行结果如图 14.7、图 14.8 所示。在例 14.4 的第 14～15 行代码中，我们将四个频域噪声点定位；在第 17～21 行代码中根据这四个频域噪声点的位置设计了四个频域滤波模板，每个模板在噪声点处幅度为 0，而在远离噪声点的位置幅度接近于 1，并且将这几个滤波模板逐点相乘以得到总的滤波模板。第 23 行代码将设计好的滤波器频域模板与原图像的频谱逐点相乘，以去掉噪声。这个例子中使用的是高斯滤波器（陷波器），但用理想滤波器或者 Butterworth 等也可以得到类似的效果。用"figure, imshow(I−I_out，［］);"比较一下滤波前后的图像差别,得到图 14.9,可以看到被滤波器滤掉的周期性噪声模式,不过这个滤波过程并不是无损的,不可避免地会影响到原图像,因此在图 14.9 中除了噪声外,也会看到图像中的信息残差。

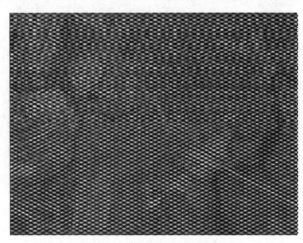

图 14.9　去噪前后的图像差别

值得一提的是,周期性噪声在图像处理中是个常遇到的问题。比如:在具有周期性成分的图像中,若图像中的间隔与采样间隔可比时就会出现一种被称为"摩尔模式"(Moiré Pattern)的周期性噪声,我们在扫描纸质印刷物(比如报纸、杂志)时常会看到这种摩尔模式。有人还应用了摩尔模式的生成原理设计了一些有趣的视觉效果,有兴趣的读者可以阅读果壳网的科普文《这种魔性条纹毁掉过无数照片,但也可以这么美》[①]。

举个简单的例子,沿行、列的两种单频信号混在一起便可产生摩尔模式的纹理。模拟这种周期性的模式可以用类似例 14.5 的代码。

例 14.5　周期性噪声的加入。

```
1. clear all; close all;
2. I = imread('moon. tif);
3. I = im2double(I);
4. [m, n] = size(I);
5. w1 = 0. 2*pi; w2 = 0. 1*pi;
6. I_noise = I + 0. 2*sin(w1*(0:m-1)')*sin(w2*(0:n-1));
7. figure,
8. subplot(121); imshow(I); title('原图像');
9. subplot(122); imshow(I_noise); title('加入周期性噪声');
10. set(gcf, 'Position', [100, 300, 500, 350]);
11.
12. figure,
13. subplot(121); imshow(log10(abs(fftshift(fft2(I)))), []);title('原图像频谱');
14. subplot(122); imshow(log10(abs(fftshift(fft2(I_noise)))), []);title('加噪后频谱');
.15. set(gcf, 'Position', [100, 300, 500, 350]);
```

---

① 焦述铭. 这种魔性条纹毁掉过无数照片,但也可以这么美［EB/OL］. (2024-02-18)［2024-03-14］. https://t. cj. si-na. com. cn/articles/view/1850988623/v6e53d84f01900p6t6.

(a)原图像　　　　　　　　　(b)加入周期性噪声

图 14.10　模拟摩尔纹

示例文件运行结果如图 14.10 所示。大家可以通过调整第 5 行代码中的 $w1$ 与 $w2$ 得到不同频率的噪声。

14.3　非线性滤波

第 14.2 节所提到的线性滤波，即图像不同区域采用的卷积核（或者运算）是完全一致的。但这种处理方式容易造成边缘的过度平滑。在实际去噪算法中，非线性滤波的算法往往有更好的效果，所谓的非线性滤波，即对图像的不同区域处理时采用了不一致的"滤波核"，在此推荐大家去阅读相关论文[②]，以更深入理解这些算法的原理。

14.3.1　中值滤波

中值滤波的做法，是在计算某个点像素值时，采用其邻域所有点的中间值的方法。中值滤波对于高斯白噪声效果不佳，但对于椒盐噪声效果远强于线性低通滤波。

在 MATLAB 中可以用 medfilt2 函数实现对图像的中值滤波，具体说明可参考帮助文档，简单用法如下：

> J = medfilt2(I) % 对输入图像 I 进行中值滤波，默认邻域范围为 3×3。
>
> J = medfilt2(I,[m n]) % 对输入图像 I 进行中值滤波，邻域范围选择为 m×n。

一个简单的示例展示于图 14.11 中，在该例子中，待处理的数据是一个二维矩阵：

$$\boldsymbol{I} = \begin{bmatrix} 1 & 2 & 3 & 4 \\ 5 & 6 & 7 & 8 \\ 9 & 10 & 11 & 12 \\ 13 & 14 & 15 & 16 \end{bmatrix}$$

---

② Fan L，Zhang F，Fan H，et al. Brief review of image denoising techniques. [J]Vis Comput Ind Biomed Art. 2019，2(1)：7. doi：10. 1186/s42492-019-0016-7.

选择 3×3 的邻域范围对数据进行中值滤波，即"J ＝ medfilt2(I)"。在计算每个像素点时会首先将其邻域内九个点进行排序，并拿序列的中间值作为输出。

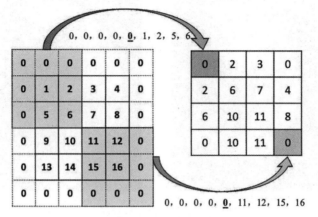

图 14.11 中值滤波举例

14.3.2 双边滤波

双边(Bilateral)滤波方法的基本公式为：

$$I_{\text{out}}(u) = \frac{\sum\limits_{p \in N_u} W_c(p) W_s(p) I(p)}{\sum\limits_{p \in N_u} W_c(p) W_s(p)}$$

$$= \frac{\sum\limits_{p \in N_u} e^{-\frac{\|u-p\|^2}{2\sigma_c^2}} e^{-\frac{|I(u)-I(p)|^2}{2\sigma_s^2}} I(p)}{\sum\limits_{p \in N_u} e^{-\frac{\|u-p\|^2}{2\sigma_c^2}} e^{-\frac{|I(u)-I(p)|^2}{2\sigma_s^2}}} \tag{14.8}$$

其中

$$W_c(p) = e^{-\frac{\|u-p\|^2}{2\sigma_c^2}}, W_s(p) = e^{-\frac{|I(u)-I(p)|^2}{2\sigma_s^2}} \tag{14.9}$$

N_u 代表第 u 个像素点的邻域，邻域是自己定义的，比如可以是当前像素点附近 3×3 的领域，$I(p)$ 代表第 p 个像素点的值（亮度值）。W_c 被称为'position kernel'或'spatial kernel'，$W_c(p)$ 代表着第 p 个像素点的位置权重值，它衡量的是第 p 个像素点与第 u 个像素点位置之间的相近程度；W_s 被称为'geometry kernel'或'intensity kernel'，$W_s(p)$ 代表着第 p 个像素点的亮度权重值，它衡量的是第 p 个像素点与第 u 个像素点亮度值之间的相近程度。注意对比一下，一般的线性低通滤波器是靠像素点位置之间的相近程度来定义权重值的，即只有类似 $W_c(p)$ 的部分。

从式(14.8)、式(14.9)可以看到，对于不同的像素点而言，作用的"核"是不同的[关键是 $W_s(p)$ 随 p 而变]，因此这是非线性滤波。

> **注**
>
> 在 MATLAB R2019b 的版本中有 imbilatfilt 函数可以实现双边滤波的功能，但在此前的版本中没有。

如果使用的 MATLAB 是 R2019b 或更高版本,则可直接调用 imbilatfilt 函数实现双边滤波,否则可以在 https://www.mathworks.com/matlabcentral/fileexchange/12191-bilateral-filtering 下载 Bilateral Filter 的示例代码[①]。

14.3.3　非局部平均

在第 14.2.1 节提到,线性低通滤波利用了图像的"局部相似性",即图像的局部小区域内的像素值应该较为相似(平滑);而在非局部平均(Non-local Mean)算法中,则应用了图像的"非局部相似性",也就是说,在整幅图像上可能存在着一些相似的图像块,它们之间不一定位置邻近。在使用非局部平均算法时,不同区域内的"相似块"被汇集在一起,中心像素点进行加权平均,而权重值采用了与双边滤波类似的亮度权重值。

> **注**
>
> 在 MATLAB R2019b 的版本中设有 imnlmfilt 函数,可以实现非局部平均的功能,但在此前的版本中没有。

如果使用的 MATLAB 是 R2019b 或更高版本,则可直接调用 imnlmfilt 函数实现非局部平均,否则可以在 https://www.mathworks.com/matlabcentral/fileexchange/52018-simple-non-local-means-nlm-filter 下载 NLM 的示例代码[②]。

 作　业

1. 选择一张照片(灰度图),按例 14.1～例 14.3 代码加入三种类型噪声(高斯白噪声 gaussian、椒盐噪声 salt&pepper、斑点 speckle),

(1)画出加噪前后的图像,并且给出三种方法加噪后计算得到的 SNR, PSNR, SSIM 三个数值。

(2)画出加噪前后的直方图,比较并且讨论。

2. 附带的老照片 photo1.jpg 有一些周期性噪声,请尝试用 MATLAB 设计陷波器将这些噪声滤除。展示滤波前后的照片及频谱,并展示滤波前后的图像差值图。

> **提　示**
>
> 在画出频谱图后,采用 $[Cu, Cv] = \text{getpts}()$,并用鼠标点选多个待滤除的频点,单击回车后便可以得到频点的坐标值。

3. 读入一幅干净的图像(若是彩图,可将其转为灰度图像),设数据矩阵为 $\boldsymbol{I}_0$:

---

① Douglas Lanman (2024). Bilateral Filtering (https://www.mathworks.com/matlabcentral/fileexchange/12191-bilateral-filtering), MATLAB Central File Exchange. Retrieved February 21, 2024.

② Christian Desrosiers (2024). Simple Non Local Means (NLM) Filter (https://www.mathworks.com/matlabcentral/fileexchange/52018-simple-non-local-means-nlm-filter), MATLAB Central File Exchange. Retrieved February 21, 2024.

（1）加入一定的高斯白噪声（sgm 选择为 0.04 或 0.2），显示加噪前后的图像。

（2）使用 fspecial 设置低通滤波器，选择 average 与 gaussian 两种滤波器，并用这两种滤波器对加噪图像进行滤波，假设结果分别为 I_out1 与 I_out2，展示这两种结果（注意，应该仔细调整滤波器的参数，以尝试达到最佳去噪效果）。

（3）使用 medfilt2 函数进行中值滤波，假设结果为 I_out3，展示结果（注意，应该仔细调整滤波器的参数，以尝试达到最佳去噪效果）。

（4）使用双边滤波器进行滤波，假设结果为 I_out4，展示结果。

（5）使用 NLM 滤波器进行滤波，假设结果为 I_out5，展示结果。

（6）分别计算加噪图像的 PSNR、SSIM，还有前面五个滤波结果的 PSNR、SSIM。

4. 读入一幅干净的图像（若是彩图，可将其转为灰度图像），设数据矩阵为 I_0：

（1）加入一定的椒盐噪声（d 选择为 0.01），显示加噪前后的图像。

（2）～（6）步与第 3 题一样。

5. 根据第 3～4 题，评论一下这五种滤波器在处理不同类型噪声时的效果。

 附加题 （选做）

选择一张照片（彩图），按例 14.1～例 14.3 代码加入三种类型噪声（高斯白噪声 gaussian、椒盐噪声 salt & pepper、斑点 speckle）。

（1）针对例 14.1 代码，分析不同 sgm 值下 PSNR，SSIM，SNR 对应的曲线（sgm 在 [0.01,0.5] 范围内选取）。

（2）针对例 14.2 代码，分析不同 d 值下 PSNR，SSIM，SNR 对应的曲线（d 在 [0.001,0.5] 范围内选取）。

（3）针对例 14.3 代码，分析不同 v 值下 PSNR，SSIM，SNR 对应的曲线（d 在 [0.001, 0.5] 范围内选取）。

（4）讨论 PSNR 和 SSIM 的值与人眼视觉判断出的图像质量是否一致？

实验 15　图像复原 2:去模糊

在图像采集过程中,常因为物体运动、焦距不准等因素,造成图像的模糊化。本次实验将首先介绍如何模拟图像的退化过程,再实践几个经典的图像复原算法,包括直接逆滤波、维纳滤波以及约束最小二乘算法。

15.1　图像退化模型

一个常用的图像退化模型如下:

$$g(x,y) = f(x,y) * h(x,y) + \eta(x,y) \tag{15.1}$$

其中,$g(x,y)$代表采集到的退化图像,$f(x,y)$是理想图像,$\eta(x,y)$是噪声,实际情况下考虑比较多的是高斯白噪声,h是模糊核,或点扩散函数(PSF, point spread function),$*$ 代表卷积操作用于表征模糊化的过程。也就是说,图像退化的过程,相当于理想图像经过一个滤波器 h,再叠加上高斯白噪声。

而复原过程就是希望能通过采集到的 $g(x,y)$,估计出原图像 $\hat{f}(x,y)$,并希望它尽可能接近于理想图像 $f(x,y)$。这个图像复原过程也被称为逆滤波(inverse filtering)或去卷积(deconvolution)。

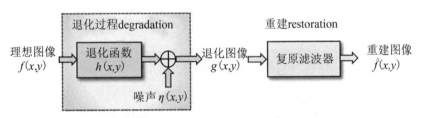

图 15.1　图像退化及重建示意图

首先,我们将模拟这个图像退化过程,以生成一张模糊化的图像。为产生模糊核[退化函数 $h(x, y)$],可以采用 fspecial 函数,比较常用的有运动模糊、圆盘模糊和钝化模糊这三种模糊核。而加入噪声则可以用 imnoise 函数。

例 15.1　图像退化过程模拟。

```
1. clear all; close all;
2. I = imread('cameraman. tif');
3. I = im2double(I);
4. h = fspecial('motion', 10, 20);        % 运动模糊
```

```
5.  I_h = imfilter(I, h, 'conv','full');
6.  sgm = 0. 001;                        % noise level
7.  noise = sgm*randn(size(I_h));        % 这样构建出来的噪声能量等于 sgm^2*numel(noise)
8.  I_h_noisy = I_h + noise;             % 加入高斯白噪声(均值为 0,方差为 sgm^2)
9.  % 上一步等同于:I_h_noisy = imnoise(I_h,'gaussian',0,sgm^2);
10. % 可以用 snr(I_h, noise)计算一下当前这个图像的信噪比
11. figure,
12. subplot(121); imshow(I); title('原图像');
13. subplot(122); imshow(I_h_noisy); title('退化图像');
14. set(gcf, 'Position', [100, 300, 600, 250]);
```

示例文件运行结果如图 15.2 所示。

(a)原图像　　　　　　　　　　　　　　(b)退化图像

图 15.2　图像退化过程示例

在例 15.1 的第 4 行代码中我们设计了一个运动模糊核,大家可以用 figure,imagesc(h)看一下产生的 PSF 滤波器系数。

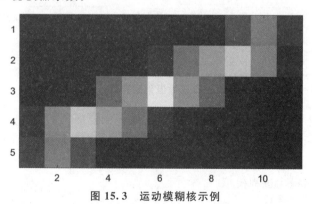

图 15.3　运动模糊核示例

"h = fspecial('motion', 10, 20);"这句可以等同于拍照时相机沿着 20°的方向移动了 10个像素点所产生的模糊效应。另外,代码第 6 行的 sgm 是为了控制噪声的水平,当前设为0.001,图片中基本看不出噪声影响。大家可以调整为其他值观察一下加噪的影响。

15.2　图像逆滤波

15.2.1　直接逆滤波

前面式(15.1)的图像退化过程转换到频域中去可以表示为：

$$G(u,v) = F(u,v)H(u,v) + N(u,v) \tag{15.2}$$

如果忽略噪声的影响，且已知模糊滤波器 $h(x,y)$ 及其频谱 $H(u,v)$，则我们可以用：

$$\hat{F}(u,v) = \frac{G(u,v)}{H(u,v)} \tag{15.3}$$

来得到复原信号的频谱，再经过一个反傅里叶变换即可得到复原图像。大家可以试一下。

例 15.2　直接逆滤波复原图像。

```
1. clear all; close all;
2. I = imread('cameraman. tif');
3. I = im2double(I);
4. h = fspecial('motion', 10, 20);         % 运动模糊
5. I_h = imfilter(I, h, 'conv','full');
6. % I_h = imfilter(I, h, 'conv','circ');
7.
8. % ----- inverse filtering -----%
9. [m_Ih, n_Ih] = size(I_h);
10. S_I = fft2(I_h);
11. S_h = fft2(h, m_Ih, n_Ih);
12. I_r = ifft2(S_I. /S_h);                 % 此时重建结果 I_r 与原始图像大小不同
13. [mI, nI] = size(I);
14. I_r = I_r(1:mI, 1:nI);                  % 去掉重建结果中多余的 0
15. figure,
16. subplot(131); imshow(I); title('原图像');
17. subplot(132); imshow(I_h); title('退化图像');
18. subplot(133); imshow(I_r); title('直接逆滤波重建图像');
19. set(gcf, 'Position', [100, 300, 900, 250]);
```

在例 15.2 代码中，第 5 行代码实现了图像 I 与 h 的卷积，生成的 I_h 比原图像尺寸大，这步操作等同于频域中图像 I（补 0 扩充至与 I_h 相同大小）的频谱与滤波器 h（补 0 扩充至与 I_h 相同大小）的频谱逐点相乘。注意，频域的逐点相乘对应着空间域的周期卷积，只有当图像补 0 至 $(m_I + m_h - 1, n_I + n_h - 1)$ 之后所得的周期卷积才与线卷积等效〔假设原图像尺寸为 (m_I, n_I)，模糊滤波器尺寸为 (m_h, n_h)〕。这样在第 12 行代码中将退化图像 I_h 的频谱与滤波器 h 的频谱逐点相除，便可以得到原图像的频谱。

第 5 行代码也可以改为"I_h = imfilter(I, h, 'conv','circ');"（即第 6 行代码），代表着在卷积时采用边界循环的方式进行填充，这样生成的 I_h 与 I 具有相同的尺寸，实现了将图像 I 与滤波器 h 进行周期卷积，等同于在频域中将 I 的频谱与滤波器 h（补 0 扩充至与 I 相同的大小）的频谱逐点相乘。

此处需要特别注意一下,若例 15.2 中不采用第 5 或第 6 行代码实现退化操作,比如采用了其他的边缘填充方式,则采用例 15.2 代码是无法复原出好的结果的,因为此时频谱关系不能严格满足式(15.3)。

这种直接逆滤波的做法非常不稳定,只要有一点噪声存在便会对结果有非常大的影响。为了清楚看到这点,可将式(15.2)改写为:

$$F(u,v) = \frac{G(u,v)}{H(u,v)} - \frac{N(u,v)}{H(u,v)}$$

$$= \hat{F}(u,v) - \frac{N(u,v)}{H(u,v)} \tag{15.4}$$

频谱 $H(u,v)$ 中可能存在着一些非常接近于 0 的点,比如我们知道,信号的能量主要集中于低频区,而高频区的频率成分幅度非常小。那么在 $H(u,v)$ 接近于 0 的那些频点上,噪声 $N(u,v)$ 就会被无限放大,从而造成最终复原出的图像失真。

比如:我们利用例 15.2 代码去除例 15.1 中生成的 I_h_noisy 看看重建结果:

```
1. %% 对含噪信号进行逆滤波
2. sgm = 0.001;                    % noise level
3. noise = sgm*randn(size(I_h));   % 这样构建出来的噪声能量等于 sgm^2*numel(noise)
4. I_h_noisy = I_h + noise;        % 加入高斯白噪声(均值为 0,方差为 sgm^2)
5. [m_Ih, n_Ih] = size(I_h_noisy);
6. S_I = fft2(I_h_noisy);
7. S_h = fft2(h, m_Ih, n_Ih);
8. I_r = ifft2(S_I ./S_h);         % 此时重建结果 I_r 与原始图像大小不同
9. [mI, nI] = size(I);
10. I_r = I_r(1:mI, 1:nI);         % 去掉重建结果中多余的 0
11. figure,
12. subplot(131); imshow(I); title('原图像');
13. subplot(132); imshow(I_h); title('退化图像');
14. subplot(133); imshow(I_r); title('直接逆滤波重建图像');
15. set(gcf, 'Position', [100, 300, 900, 250]);
```

(a)原图像　　　　　　　(b)退化图像　　　　　　(c)直接逆滤波重建图像

图 15.4　直接逆滤波重建结果(有微弱噪声)

从图 15.4(b)退化图像可以看到,噪声水平非常低,甚至人眼都无法察觉,但这么微弱的噪声也会使得直接逆滤波算法失效。因此,在实际应用时,基本不会采用直接逆滤波进行图像复原。

15.2.2　维纳滤波

下面考虑设计一个滤波器 $W(u,v)$，当输入为 $G(u,v)$ 时，输出即为 $G(u,v)W(u,v)$。若我们的目的是寻找一种滤波器让其输出相比于理想图像 $F(u,v)$ 误差的期望方差最小（假设噪声的均值为 0）：

$$\min_{W} \mathbb{E}\big[\,|\,G(u,v)W(u,v)-F(u,v)\,|^{2}\big] \tag{15.5}$$

经过推导可以得到：

$$W = \frac{H^{*}}{|H|^{2}+\mathbb{E}[\,|N|^{2}]/\mathbb{E}[\,|F|^{2}]} \tag{15.6}$$

用公式(15.6)设计出的滤波器即为维纳滤波器。其中，H^{*} 代表 PSF 的频谱取共轭，而 $\mathbb{E}[\,|N|^{2}]/\mathbb{E}[\,|F|^{2}]$ 表示噪信比（NSR，noise to signal ratio）。假设信号的能量谱（power spectrum）为 S_{ff}，噪声的能量谱为 $S_{\eta\eta}$，式(15.6)又可以写为：

$$W(u,v) = \frac{H^{*}(u,v)}{|H(u,v)|^{2}+\dfrac{S_{\eta\eta}(u,v)}{S_{ff}(u,v)}} \tag{15.7}$$

实际情况下我们是不知道每个频点上的噪信比（或信号、噪声各自的能量谱）是多少的，只能靠大致估算。比如：最简单的做法是令 $S_{\eta\eta}(u,v)/S_{ff}(u,v)=K$，$K$ 是一个常数。理论上最佳的 K 值为噪声方差与信号方差之比。

另外，若式(15.6)中的 $H(u,v)$ 设置为常数 1（即表示无模糊化的过程），则其成为具有去噪功能的维纳滤波器。而若噪声能量设置为 0，则式(15.6)退化为式(15.3)代表的直接逆滤波，比较一下式(15.6)[或(15.7)]与式(15.3)可以看出，维纳滤波器在分母中加入了 $\mathbb{E}[\,|N|^{2}]/\mathbb{E}[\,|F|^{2}]$（或 $S_{\eta\eta}(u,v)/S_{ff}(u,v)$），等同于一个正则化项，避免 $H(u,v)\approx 0$ 时的计算不稳定。

在 MATLAB 中，维纳滤波可以用 deconvwnr 函数完成，下面举个例子：

例 15.3　使用常数 K 的维纳滤波。

```
1. clear all; close all;
2. I = imread('cameraman. tif');
3. I = im2double(I);
4. h = fspecial('motion', 10, 20);          % 运动模糊
5. I_h = imfilter(I, h, 'conv', 'circular'); % 产生一个与原图像大小相同的模糊图像
6. sgm = 0. 001;                             % noise level
7. noise = sgm*randn(size(I_h));             % 这样构建出来的噪声能量等于 sgm^2*numel(noise)
8. I_h_noisy = I_h + noise;                  % 加入高斯白噪声（均值为 0，方差为 sgm^2）
9. % 可以用 snr(I_h, noise)计算一下当前这个图像的信噪比
10. figure,
11. subplot(121); imshow(I); title('原图像');
12. subplot(122); imshow(I_h_noisy); title('退化图像');
13.
14. K = 0. 001;
15. I_r0 = deconvwnr(I_h_noisy, h, K);
16. figure, imshow(I_r0,[],'initialmagnification','fit');
17. title(['维纳滤波重建图像:K = ', num2str(K)]);
```

示例文件运行结果如图 15.5 所示。大家可以调整第 14 行代码中的 K 值,并比较不同的重建结果。若第 14 行代码改为"K = sgm~2/var(I(:));"则代表将 K 值设置为噪声方差与信号方差之比,得到的是理论上最佳的结果(不过,实际应用时噪声方差可用某种方法估计,但信号的方差是难以估计的)。

图 15.5　维纳滤波器重建结果(输入固定的噪信比:$K=0.001$)

请注意以下两点:

(1) 与例 15.2 相似,生成退化图像的代码选择了 circular 的方式进行边界填充,并且输出的模糊图像 I_h 与原图像大小相同,也可以利用"imfilter(I, h, 'conv', 'full');"得到模糊图像。但若不采用这两种方式,则恢复效果不好,这是由于维纳滤波也是在频域进行的,需要让空间域卷积的形式严格对应于频域逐点相乘。

(2) 第 15.3 行代码是将图像矩阵转换成 double 形式,若不进行这步,则在模糊化的过程中将会引入量化误差,会造成 deconvwnr 重建效果不佳。

另外,若采用噪声与信号的能量谱信息进行复原,即采用式(15.7)进行维纳滤波,则可以将例 15.3 中第 14、15 行代码改为例 15.4 所示代码。

例 15.4　采用噪声能量谱与信号能量谱进行维纳滤波。

```
NP= abs(fft2(noise)). ^2;        % 噪声频谱的能量(能量谱),即式(15.7)的噪声能量谱
NCORR= real(ifft2(NP));         % 噪声的自相关信息
IP= abs(fft2(I)). ^2;            % 信号频谱的能量(能量谱),即式(15.7)的信号能量谱
ICORR= real(ifft2(IP));         % 图像的自相关信息
I_r0= deconvwnr(I_h_noisy, h, NCORR, ICORR);
```

可以注意一下,在这段代码中,自相关矩阵经傅里叶变换得到能量谱。deconvwnr 函数中输入的是噪声的自相关矩阵,与信号的自相关矩阵。

15.2.3　约束最小二乘

维纳滤波要取得理想的效果需要有未退化图像和噪声的功率谱信息,在实际情况下

仅能估算，效果也比较有限，而本节讨论的方法普适性更强，具体的原理可以参考冈萨雷斯所著《数字图像处理》，这里仅做简单说明。

式(15.1)或式(15.2)描述的图像复原问题本质上是病态(ill-posed)问题，从退化图像 g 估计出原图像 f 事实上存在着不止一个解，因此为获得我们想要的解，便需要根据我们对理想结果属性的认知(即：先验知识，prior knowledge)，对所得结果进行一定的约束，比如二阶导数约束便是常用的一种约束：

$$C = \sum_{x,y} \left[\nabla^2 f(x,y) \right]^2 \tag{15.8}$$

式中的 ∇^2 代表着二阶梯度，可以用拉普拉斯滤波器实现，等同于高通滤波，得到的是图像的边缘信息。式(15.8)得到的是图像中的边缘信息总能量。若希望所得图像尽可能平滑，梯度变化较少，则可以通过最小化 C 得到。因此约束最小二乘滤波算法的目标函数可以表示为：

$$\min_{\hat{f}} \sum_{x,y} \left[\hat{f}(x,y) * h(x,y) - g(x,y) \right]^2 + \gamma \left[\nabla^2 \hat{f}(x,y) \right]^2 \tag{15.9}$$

其中 γ 是正则化参数，用于权衡两个目标的重要程度。式(15.9)若在频域中表示则有：

$$\min_{\hat{F}} \left| \hat{F}(u,v) H(u,v) - G(u,v) \right|^2 + \gamma \left| P(u,v) \hat{F}(u,v) \right|^2 \tag{15.10}$$

其中 $P(u,v)$ 代表着拉普拉斯滤波器的频域响应。式(15.9)或式(15.10)的第 1 项被称为"保真项"(fidelity)，用以衡量从预测结果 $\hat{F}(u,v)$ 依正向退化模型 $H(u,v)$ 获得的图像与实采信号 $G(u,v)$ 之间的误差；而第 2 项为正则化项，用以约束预测结果的属性(比如平滑性)。求解式(15.10)可以推导出：

$$\hat{F}(u,v) = \frac{G(u,v) H^*(u,v)}{\left| H(u,v) \right|^2 + \gamma \left| P(u,v) \right|^2} \tag{15.11}$$

在 MATLAB 中，应用约束最小二乘实现图像复原的函数为 deconvreg，它的一种调用方式是："J = deconvreg(I, PSF, NOISEPOWER, LRANGE, REGOP)"其中 RE-GOP 参数为正则化操作符，也就是式(15.9)中的 $\left[\nabla^2 \hat{f}(x,y) \right]^2$ 这一项，在默认情况下采用的是 Laplacian 算子，即式(15.8)。LRANGE 是正则化参数，即式(15.9)或式(15.10)中的 γ。NOISEPOWER 是预估的噪声能量。大家可以参考帮助文档得到该函数更详细的使用说明。在下面的例 15.5 中给出一个例子：

例 15.5 约束最小二乘滤波。

```
1. clear all; close all;
2. I = imread('cameraman. tif');
3. I = im2double(I);
4. figure, imshow(I,'initialmagnification','fit'); title('原图像');
5. PSF = fspecial('gaussian',7,10);
6. V = . 0001;
7. I_blur = imfilter(I,PSF,'conv','circ');
8. BlurredNoisy = imnoise(I_blur,'gaussian',0,V);
9.
10. % 不同正则化参数的影响
```

```
11. gamma1 = 0. 001;                    % 正则化参数
12. J0 = deconvreg(BlurredNoisy,PSF,[],gamma1);
13. gamma2 = 0. 01;%
14. J1 = deconvreg(BlurredNoisy,PSF,[],gamma2);
15. gamma3 = 1;%
16. J2 = deconvreg(BlurredNoisy,PSF,[],gamma3);
17.
18. figure, set(gcf, 'Position', [100, 300, 500, 500]);
19. subplot('Position',[0. 05,0. 55,0. 4,0. 4]);imshow(BlurredNoisy);
20. title('退化图像');
21. subplot('Position',[0. 52,0. 55,0. 4,0. 4]);imshow(J0,[]);
22. title(['复原图像:\ gamma = ',num2str(gamma1)]);
23. subplot('Position',[0. 05,0. 05,0. 4,0. 4]);imshow(J1,[]);
24. title(['复原图像:\ gamma = ',num2str(gamma2)]);
25. subplot('Position',[0. 52,0. 05,0. 4,0. 4]);imshow(J2,[]);
26. title(['复原图像:\ gamma = ',num2str(gamma3)]);
```

例15.5中通过设置不同的正则化参数 γ 得到不同的结果,从图15.6中可以看到,当 γ 越大时,图像越平滑(因为正则化项作用越大),但也越模糊;而 γ 越小则重建图像的细节越清晰,不过也会有更多的噪声残留。

(a)退化图像

(b)复原图像:γ=0.001

(c)复原图像:γ=0.01

(d)复原图像:γ=1

图15.6 约束最小二乘滤波器重建结果(正则化参数的调整对结果的影响)

另外，也可以通过预估噪声能量进行约束最小二乘滤波，这可能比正则化参数的设置要更直观一些。示例文件运行结果如图 15.7 所示。

```
1. %% 选择不同噪声能量
2. NP0 = V*prod(size(I));          % noise power
3. J0 = deconvreg(BlurredNoisy,PSF,NP0);
4. NP1 = NP0/10;
5. J1 = deconvreg(BlurredNoisy,PSF,NP1);
6. NP2 = NP0*10;
7. J2 = deconvreg(BlurredNoisy,PSF,NP2);
8.
9. figure, set(gcf, 'Position', [100, 300, 500, 500]);
10. subplot('Position',[0. 05,0. 55,0. 4,0. 4]);imshow(BlurredNoisy);
11. title('退化图像');
12. subplot('Position',[0. 52,0. 55,0. 4,0. 4]);imshow(J0,[]);
13. title(['复原图像:NP = ',num2str(NP0)]);
14. subplot('Position',[0. 05,0. 05,0. 4,0. 4]);imshow(J1,[]);
15. title(['复原图像:NP = ',num2str(NP1)]);
16. subplot('Position',[0. 52,0. 05,0. 4,0. 4]);imshow(J2,[]);
17. title(['复原图像:NP = ',num2str(NP2)]);
```

(a)退化图像

(b)复原图像:NP=6.5536

(c)复原图像:NP=0. 65536

(d)复原图像:NP=65.536

图 15.7　约束最小二乘滤波器重建结果（噪声能量的调整对结果的影响）

同正则化参数一样,这里的噪声能量 NP 也同样是起到在保真项与正则化项之间权衡的作用。当 NP 选择得越大,算法越倾向于生成满足正则化项约束(更平滑)的图像。

15.3　图像盲复原

15.2 节介绍的是在已知模糊核的情况下的复原,而当模糊核未知时,这个任务便被称为盲复原。盲复原常建模成同时求解模糊核与重建图像的任务,如图 15.8 所示,在构建其目标函数时,需要在保证重建误差(保真项)足够小的情况下,分别考虑重建信号与模糊核的先验属性。

$$\min_{\hat{f},h}\left\|\hat{f} * h - g\right\|^2 + \gamma p_f(\hat{f}) + \mu p_h(h)$$

保真项,似然函数　　　图像$\hat{f}$的　　　模糊核h的
　　　　　　　　　　先验属性　　　　先验属性

图 15.8　图像盲复原的优化目标

在 MATLAB 中,盲复原的函数为 deconvblind,基本的用法如下:

[J,PSF] = deconvblind(I, INITPSF),其中 I 为退化图像,INITPSF 为预先给定的模糊核,算法将以此为初始值对重建图像与模糊核进行迭代优化,最终输出重建的图像 J 以及模糊核 PSF。注意最终得到的 PSF 与给定的 INITPSF 具有相同的尺寸。

[J,PSF] = deconvblind(I, INITPSF,NUMIT),其中 NUMIT 为迭代次数,默认值是 10。

大家可以参考帮助文档,以得到该函数详细的使用说明。

例 15.6　图像的盲复原。

```
1. clear all; close all;
2. I = imread('cameraman. tif');
3. I = im2double(I);
4. PSF = fspecial('gaussian',7,10);
5.
6. V = . 0001;
7. I_blur = imfilter(I,PSF,'conv','circ');
8. BlurredNoisy = imnoise(I_blur,'gaussian',0,V);
9.
10. psfi = ones(size(PSF));
11. [J, psfr] = deconvblind(BlurredNoisy,psfi);
12. figure, set(gcf, 'Position', [100, 300, 900, 400]);
13. subplot('Position',[0. 02,0. 1,0. 3,0. 8]); imshow(I); title('原图像');
14. subplot('Position',[0. 35,0. 1,0. 3,0. 8]); imshow(BlurredNoisy); title('退化图像');
15. subplot('Position',[0. 68,0. 1,0. 3,0. 8]); imshow(J); title('复原图像');
16.
17. figure, subplot(121); imshow(PSF,[]); colorbar; title('理想的模糊核');
18. subplot(122); imshow(psfr,[]); colorbar; title('复原的模糊核');
19. set(gcf, 'Position', [100, 300, 700, 300]);
```

示例文件运行结果如图 15.9、图 15.10 所示。在这个例子中，设置初始模糊核与理想核一样大小，并采用了默认设置下的 deconvblind 函数进行盲复原，得到的结果尽管无法完全复原理想图像，但还是可以在一定程度上提升退化图像的清晰度。

(a)原图像　　　　　　　　　　(b)退化图像　　　　　　　　　(c)复原图像

图 15.9　图像盲复原重建结果展示

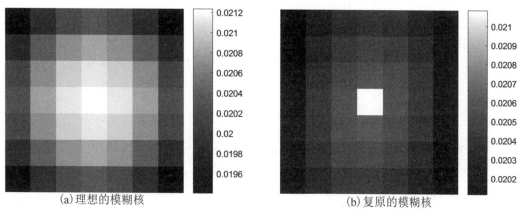

(a)理想的模糊核　　　　　　　　　　　　　　(b)复原的模糊核

图 15.10　图像盲复原模糊核展示

作　业

1. 退化图像的生成。读入一幅彩图 f，然后：

（1）采用 fspecial 函数生成一个高斯模糊核 h，参数请自行设定，但最终画图应该类似于图 15.3 中的 $h(x,y)$。

（2）利用 h 对 f 进行模糊化，展示滤波前后的图像，及其对应的频谱（转成灰度图，展示幅度谱），并讨论结果。

（3）固定 h 的尺寸，调整高斯模糊核 h：

"$h = \text{fspecial('gaussian',hsize,sigma)}$"的生成参数中的 sigma（选择至少三个值），比较不同的 sigma 带来的不同的图像模糊效果，画出 h 及其对应的模糊化的图像。

（4）采用 fspecial 函数生成一个运动模糊核 h：

"$h = \text{fspecial('motion',len,theta)}$"，参考例 15.1 代码，画出 h 及其对应的模糊化图

像,并讨论不同的参数 len 与 theta 所产生的模糊效果。

2. 直接逆滤波复原:

(1) 对第 1 题第(2)步得到的模糊图像进行直接逆滤波(参考例 15.2 代码),展示结果(处理彩图要记得在三个通道分别进行)。

(2) 在模糊图像上加入少量噪声再进行直接逆滤波,比如例 15.1 中的 sgm 取为 1e-3、1e-4、1e-5 三个值(也可以取其他值,主要看一下噪声多大时无法恢复原始图像),再分别进行直接逆滤波复原,展示带噪的退化图像以及直接逆滤波图像,并讨论不同噪声水平对结果的影响。

(3) 采用上一节实验课提到的 psnr 与 ssim 两个指标定量评估图像复原的质量(注意,请比较理想的原图像 f 与复原图像)。

3. 维纳滤波恢复。

(1) 模仿例 15.3 代码,选择一幅彩图,创建模糊图像(运动模糊),令 sgm 为 0(无噪)。对模糊后的图像,用真实 PSF 函数进行维纳滤波复原,展示原图、退化图像及复原图像。用 psnr 与 ssim 定量评估图像复原的质量。

(2) 将模糊图像加入噪声(sgm 可在 0.01~0.05 范围内选择),然后用真实 PSF 函数以及不同噪信比(NSR)参数(取至少三个不同的 K)进行维纳滤波恢复,展示维纳滤波后的图像,用 psnr 与 ssim 定量评估图像复原的质量,并讨论如何合理选择 K 值。

(3) 利用图像自相关信息和噪声自相关信息,进行维纳滤波恢复,用 psnr 与 ssim 定量评估图像复原的质量。

4. 约束最小二乘滤波恢复。

(1) 采用与第 3 题第(2)步相同的含噪模糊图像,参考例 15.5 代码,用真实的 PSF 函数以及不同噪声能量参数(取至少三个不同的 NP)进行约束最小二乘滤波恢复,展示滤波后的图像,用 psnr 与 ssim 定量评估图像复原的质量,并讨论如何合理选择 NP 值。

(2) 阅读帮助文档,调整拉格朗日乘子 lrange,看是否能达到比上一步更好的复原效果,请注意要用 psnr 与 ssim 定量评估图像复原的质量。

```
J = deconvreg(I,psf,np,lrange)
```

5. 在例 15.6 代码中展示了一个图像盲复原的例子,其中 deconvblind 函数需要输入一个初始矩阵代表估计的 PSF 函数,在第 10 行代码中,我们将初始矩阵 psfi 设置为与真实 PSF 尺寸一致。

(1) 请展示该结果(包括复原图像,并画出估计到的滤波器)。

(2) 将 psfi 设置成比真实 PSF 小的矩阵,比如令 psfi 大小为 $[m-2, n-2]$,其中 m 与 n 分别是 PSF 的行、列数。请展示结果(包括复原图像,并画出估计到的滤波器)。

(3) 将 psfi 设置成比真实 PSF 大的矩阵,比如令 psfi 大小为 $[m+2, n+2]$,其中 m 与 n 分别是 PSF 的行、列数。请展示结果(包括复原图像,并画出估计到的滤波器)。

(4) 在 MATLAB 的官方文档上给出了一种利用边缘信息指导的盲复原滤波方案,大家可以去 https://www.mathworks.com/help/images/deblurring-images-using-the-blind-deconvolution-algorithm.html 这个网页上自学,将第 5 步"Step 5: Improving the

Restoration"所示方法应用到自己编写的代码中。请展示结果（包括复原图像，并画出估计到的滤波器），再与第（1）步得到的结果进行比较（psnr，ssim 两个定量指标）。

> **注　意**
>
> 关于 deconvblind 的应用可以只用灰度图，你也可以简单尝试一下彩图（不过效果可能会很差）。

6. 图 15.11 中的车牌图像很不清晰，因为经过了一个运动模糊过程（且加入了一些噪声）。已知运动模糊核是一个 5×21 的矩阵，请你尝试用图像复原技术（盲复原，或猜测一下运动模糊核的具体生成参数）修复照片，看看从中能读出几位车牌号？请讨论一下复原过程中遇到的问题。该车牌图像上传为 blur_plate.jpg 文件（在附带文件夹下）。

图 15.11　车牌号是多少？

 附加题 （选做）

在例 15.1 代码中，令 sgm 取值 0.001 时产生一张退化图像，并利用式（15.7）的公式自行编写维纳滤波器的代码，对该退化图像进行复原，再和 deconvwnr 函数运行结果进行比较（理论上自己编写代码的结果应该接近于例 15.4 代码产生的效果）。

实验 16　图像压缩

实验 16 严格意义上不能被称为"图像压缩"，其主要内容是一些重要算法在图像压缩应用中的尝试。实际的图像压缩应用中关于"压缩编码"的部分在本次实验中并未涉及。

16.1　基于 DCT 的压缩

JPEG 或 JPG 是广泛用于照片及影像数据压缩的标准方法，由联合图像专家小组（joint photographic experts group）开发。基于 DCT 的压缩过程是 JPEG 压缩中的关键步骤。JPEG 压缩是有损压缩，利用人眼对图像信息感知有限的特点，使用量化去除了冗余信息（量化过程中产生了图像信息的损失，因此是有损的），再将量化系数进行无损压缩编码，得到压缩后的数据。更详细点说来，JPEG 压缩过程可大致分为以下三步：

（1）将图像分成不重叠的 8×8 大小的小图像块 P_i（如果图像的宽、高不是 8 的倍数则进行补 0 操作），使用 DCT 把小图像块 P_i 变换成频域 S_i。

（2）对频域 S_i 的 64 个系数进行量化（根据式（16.1）所示的量化表），得到量化后的系数 $S_i^{(q)}$。

（3）对量化后的系数 $S_i^{(q)}$ 进行无损编码。

其中，在第（2）步进行系数量化时，JPEG 算法提供了两个标准的量化系数矩阵，分别用于量化亮度通道（Y）和色彩通道（Cr 与 Cb）。式（16.1）与式（16.2）所展示的是最常用的两个量化表（independent JPEG group，1998）。

$$
\text{亮度量化表} = \begin{bmatrix}
16 & 11 & 10 & 16 & 24 & 40 & 51 & 61 \\
12 & 12 & 14 & 19 & 26 & 58 & 60 & 55 \\
14 & 13 & 16 & 24 & 40 & 57 & 69 & 56 \\
14 & 17 & 22 & 29 & 51 & 87 & 80 & 62 \\
18 & 22 & 37 & 56 & 68 & 109 & 103 & 77 \\
24 & 35 & 55 & 64 & 81 & 104 & 113 & 92 \\
49 & 64 & 78 & 87 & 103 & 121 & 120 & 101 \\
72 & 92 & 95 & 98 & 112 & 100 & 103 & 99
\end{bmatrix} \tag{16.1}
$$

$$色度量化表＝\begin{bmatrix} 17 & 18 & 24 & 47 & 99 & 99 & 99 & 99 \\ 18 & 21 & 26 & 66 & 99 & 99 & 99 & 99 \\ 24 & 26 & 56 & 99 & 99 & 99 & 99 & 99 \\ 47 & 66 & 99 & 99 & 99 & 99 & 99 & 99 \\ 99 & 99 & 99 & 99 & 99 & 99 & 99 & 99 \\ 99 & 99 & 99 & 99 & 99 & 99 & 99 & 99 \\ 99 & 99 & 99 & 99 & 99 & 99 & 99 & 99 \\ 99 & 99 & 99 & 99 & 99 & 99 & 99 & 99 \end{bmatrix} \qquad (16.2)$$

这两个量化表可以用一个放缩因子(scaling factor) f 进行进一步的缩放,而放缩因子 f 与质量因子(quality factor) Q 具有式(16.3)所示的关系。大的 Q 值对应于高质量图像(低压缩率),小的 Q 值对应于低质量图像(高压缩率)。而放缩公式见式(16.4),其中 $T_b(i)$ 为原量化表[见式(16.1)或式(16.2)]中的元素,而 $T_s(i)$ 为放缩后的量化表格,$\lfloor \cdot \rfloor$ 代表向下取整。

$$f=\begin{cases} \dfrac{5000}{Q}, & Q<50 \\ 200-2Q, & Q\geqslant 50 \end{cases} \qquad (16.3)$$

$$T_s(i)=\left\lfloor \frac{f\times T_b(i)+50}{100} \right\rfloor \qquad (16.4)$$

而 JPEG 图像解压缩过程为:首先将数据解码化为量化系数 $S_i^{(q)}$,再将 $S_i^{(q)}$ 与量化表逐点相乘得到复原后的频域系数 $\hat{S}_i$,再经过逆离散余弦变换 IDCT 得到图像块 $\hat{P}_i$。

我们在例 16.1 中展示了上述过程的代码(包括 JPEG 压缩的前两步及复原)。

例 16.1 基于 DCT 的图像压缩。

```
1. clear all; close all;
2. % 设置压缩质量与量化表
3. Q = 50;                        % 质量因子(可选择为 10, 20, 50, 80, 90, 100 等)
4. if Q< 50
5.     f = 5e3/Q;
6. else
7.     f = 2e2- 2* Q;
8. end
9.
10. lum_table = [16 11 10 16 24 40 51 61;…
11.             12 12 14 19 26 58 60 55;…
12.             14 13 16 24 40 57 69 56;…
13.             14 17 22 29 51 87 80 62;…
14.             18 22 37 56 68 109 103 77;…
15.             24 35 55 64 81 104 113 92;…
16.             49 64 78 87 103 121 120 101;…
17.             72 92 95 98 112 100 103 99];
18. chr_table = [17 18 24 47 99 99 99 99;…
19.             18 21 26 66 99 99 99 99;…
20.             24 26 56 99 99 99 99 99;…
```

```matlab
21.                47 66 99 99 99 99 99 99;...
22.                99 99 99 99 99 99 99 99;...
23.                99 99 99 99 99 99 99 99;...
24.                99 99 99 99 99 99 99 99;...
25.                99 99 99 99 99 99 99 99];
26.
27. Ts_lum = floor((f*lum_table+50)/100);      % 亮度量化表
28. Ts_chr = floor((f*chr_table+50)/100);      % 色度量化表
29. Ts_lum(Ts_lum<=0) = 1;
30. Ts_chr(Ts_chr<=0) = 1;
31. %------------------------------------------------------------
32. % 读入图像及压缩
33. [I,map] = imread('lena512color. tiff');
34. if~ isempty(map)
35.     I = ind2rgb(I,map);
36. end
37. I_YCbCr = rgb2ycbcr(I);                    % 转成 YCbCr 色彩模式,以便对亮度与色度进行不同量化
38. %
39. I_YCbCr = double(I_YCbCr);
40. func_lum_cmpr = @ (P) round(dct2(P-128). /Ts_lum);
41. func_chr_cmpr = @ (P) round(dct2(P-128). /Ts_chr);
42. %
43. dctI_compress = zeros(size(I));
44. dctI_compress(:,:,1) = blkproc(I_YCbCr(:,:,1),[8,8],func_lum_cmpr);
45. dctI_compress(:,:,2) = blkproc(I_YCbCr(:,:,2),[8,8],func_chr_cmpr);
46. dctI_compress(:,:,3) = blkproc(I_YCbCr(:,:,3),[8,8],func_chr_cmpr);
47. % 得到的 dctI_compress 矩阵即为 YCbCr 三个通道经过 DCT 压缩后的结果
48. %------------------------------------------------------------
49. % 解压缩
50. func_lum_decmpr = @ (P) uint8(idct2(P. *Ts_lum)+128);
51. func_chr_decmpr = @ (P) uint8(idct2(P. *Ts_chr)+128);
52.
53. I_compress = uint8(zeros(size(I)));
54. I_compress(:,:,1) = blkproc(dctI_compress(:,:,1),[8,8],func_lum_decmpr);
55. I_compress(:,:,2) = blkproc(dctI_compress(:,:,2),[8,8],func_chr_decmpr);
56. I_compress(:,:,3) = blkproc(dctI_compress(:,:,3),[8,8],func_chr_decmpr);
57. % 得到的 I_compress 矩阵即为复原的 YCbCr 三通道图像
58. I_compress_rgb = ycbcr2rgb(I_compress);  % 转化为 RGB 模式以显示
59.
60. figure, set(gcf, 'Position', [100, 300, 1000, 450]);
61. subplot('Position',[0. 02,0. 1,0. 45,0. 8]);imshow(I);
62. title('原图像','fontsize',14);
63. subplot('Position',[0. 5,0. 1,0. 45,0. 8]);imshow(I_compress_rgb);
64. title(['压缩后复原的图像 (Q = ', num2str(Q),')'],'fontsize',14);
```

在这段代码中,第 40～41 行定义了对各图像块进行量化的函数,首先将图像块各像素减去 128(这步是为了减小 DCT 变换后系数的动态范围),再进行 DCT 变换,然后根据量化表对 DCT 系数矩阵进行量化。最终得到的压缩矩阵存储于 dctI_compress 中,三个通道分别代表着 Y、Cb、Cr 的量化信息。

而在解压缩的过程中,第 50、51 行定义了从量化值返回像素值的过程,首先将压缩数据块与量化表逐点相乘,进行 IDCT 变换,再加上偏移量 128,以得到图像像素值。

代码中第 3 行的 Q 值定义了压缩质量,Q 值越大表示保留越多的图像信息,但压缩率也越低,Q 为 100,表示无损。图 16.1 示例中质量因子设成 50,在图中一些细节上可以看出图像质量的降低,但也并不是非常明显,大家可以调整 Q 值以观察不同的压缩图像的复原效果。

(a) 原图像　　　　　　　　　　　　　　(b) 压缩后复原的图像

图 16.1　图像压缩示例(质量因子 $Q=50$)

另外,请注意一下 blkproc 函数的用法。如果要改为 blockproc 函数,请注意调整函数的定义,比如:

```
1. func_lum_cmpr = @ (P) round(dct2(P. data-128). /Ts_lum);
2. dctI_compress(:,:,1) = blockproc(I_YCbCr(:,:,1),[8,8],func_lum_cmpr);
```

16.2　矢量量化

矢量量化(VQ, vector quantization)是一个基于块编码规则的有损数据压缩方法,在 JPEG 和 MPEG-4 等多媒体压缩技术中都包含着矢量量化的步骤。其基本思想是:将若干个标量数据构成一个矢量,然后在矢量空间进行整体量化,即用一个有限的子集进行编码。

举例而言,考虑一幅灰度图,像素值是[0, 1]上分布的任意实数,量化便是将这些像素值用有限的实数集表示,比如 0~255 的整数,或[0, 0.1, 0.2, …, 0.9, 1]这种大小有限的实数集,而这个表征像素值的集合越小,图像的压缩率越高。

在矢量量化中,需要先经过这个数据集(像素集)的统计分析,希望能得到用最少的编码(最小的码书)表示所有数据值的效果。一般在图像压缩中,矢量量化可以和聚类算法联合使用。下面给出一个用 kmeans(k 均值聚类)结合 VQ 算法的图像压缩示例。我们首先将所有像素值进行聚类,即:将所有的像素值分成 p 个类别,然后用类的中心值来代替这个类别中所包含的所有像素值。这样总的颜色就减少了,重复的颜色增加了,便可以用更少的位数来保存每一个像素值,达到压缩的效果。

例 16.2 基于 kmeans 与 VQ 的图像压缩。

```
1. clear all; close all;
2. load('lena512. mat');
3. I = lena512;
4. p = 16;                    % 类别数目
5.
6. [idx,C] = kmeans(I(:),p);  % 聚类,idx 为各像素点所归类别号,C 为各类中心值
7.
8. I_rec = zeros(size(I));    % 初始化重构矩阵
9. for k = 1:p
10.     idx_k = find(idx==k);  % 归为第 k 类的像素点位置(或索引 index)
11.     I_rec(idx_k) = C(k);   % 将第 k 类的像素点值设为第 k 类中心值
12. end
13.
14. figure, subplot('Position',[0. 02,0. 1,0. 45,0. 8]),imshow(I,[],'initialmagnification','fit');
15. title('原图像','fontsize',14);
16. subplot('Position',[0. 5,0. 1,0. 45,0. 8]),imshow(I_rec,[],'initialmagnification','fit');
17. title(['VQ 压缩图像,p = ',num2str(p)],'fontsize',14);
18. set(gcf, 'Position', [100, 300, 800, 450]);
```

在例 16.2 中,第 6 行代码采用 kmeans 函数将图像 I 中各像素依据其灰度值之间的相似度分成了 p 类,然后在第 9～12 行代码中用这 p 类的中心值去代表各类中的像素值,以重建图像。

原图像的像素值是 $[0,255]$ 内的整数,共有 256 种不同的像素值,每个像素值需要用 8 bits 存放。而压缩后的图像只有 p 个不同的像素值,比如这里选择 $p=16$,每个像素只需要用 4 bits 存放。如图 16.2 所示,这种矢量量化的图像[图 16.2(b)]会显得比原图像[图 16.2(a)]具有更高的对比度,如图 16.2 所示不过部分区域灰度值的过渡会更生硬而不自然,在 p 选择更小的时候这一问题会比较明显。

(a)原图像　　　　　　　　　　　　　　(b)VQ压缩图像

图 16.2　图像矢量量化示例(16 个灰度级)

16.3　主成分分析

图像的列与列、行与行之间具有一定的相关性,而主成分分析(PCA,principal component analysis)可以提取出主要的成分,去除冗余,从而对图像中所含信息进行简化,达到压缩的效果。例 16.3 中展示了一个简单的例子,示例文件运行结果如图 16.3 所示。

例 16.3　基于列向量的 PCA 进行图像压缩。

```
1. clear all; close all;
2. load('lena512. mat');
3. I = lena512;
4. %
5. mu = mean(I, 2);                        % 求列向量中各元素均值
6. I_y = I-repmat(mu,[1,size(I,2)]);       % 去中心化列向量
7. C = I_y*I_y';                           % 等效协方差矩阵
8. %
9. [U,D,V] = svd(I_y);                     % 可用 C 计算主成分,也可用 I_y 计算
10. p = 100;                               % 取 p 个主要成分
11. Us = U(:,1:p);
12. Ps = Us'*I_y;                          % 去中心化图像矩阵在主成分上的投影
13. I_rec = bsxfun(@ plus, Us*Ps, mu);     % 取主要成分重建图像矩阵
14. err = mean(abs(I_rec(:)-I(:)). ^2),    % mean square error
15. %
16. figure, subplot('Position',[0. 02,0. 1,0. 45,0. 8]),imshow(I,[]);
17. title('原图像','fontsize',14);
18. subplot('Position',[0. 5,0. 1,0. 45,0. 8]),imshow(I_rec,[]);
19. title(['压缩重建图像,p = ',num2str(p)],'fontsize',14);
20. set(gcf, 'Position', [100, 300, 800, 450]);
```

(a)原图像　　　　　　　　　　　　　(b)压缩重建图像

图 16.3　采用 PCA 压缩图像示例($p=100$)

其中,第 9 行代码对去中心化后的图像矩阵 I_y 进行奇异值分解(SVD,singular value decomposiiton),提取出特征向量矩阵 U,并从中选择对应于前 p 个最大奇异值的特征向量组成 Us,类似于从图像空间中提取出 p 个垂直的坐标轴,以重新表征图像。而

第 12 行代码计算出图像 I_y 在这 p 个坐标轴上的投影值,即 Ps;第 13 行代码中用这 Ps 个投影值重建图像。

假设原图像向量大小为 $N \times M$,而 Us 矩阵大小为 $N \times p$,Ps 矩阵大小为 $p \times M$,mu 向量大小为 $N \times 1$,所以压缩率为:$\dfrac{(N+M)p+N}{N \times M}$。$p$ 越小,则生成的图像矩阵越小,但图像质量越差。

事实上,这种基于 PCA 的图像压缩方式在现实中不常用到,但 PCA 常常被用于数据降维,大家也可以把上述过程理解成一个从 M 列数据中提取出 p 个主要成分的降维过程。在机器学习中,降维操作往往是与特征提取、特征识别这些任务相关的。下面我们再以例 16.4 来看看 PCA 降维在图像识别中的简单应用。例 16.4 使用到的图片来源于 Yale Face Database 这一开源的人脸图片数据集,可以从其官方网站下载[①]。读者也可以自行在网上寻找资源,比如在以下网址中给出了在 MATLAB 可直接使用的格式:http://www. cad. zju. edu. cn/home/dengcai/Data/FaceData. html。

例 16.4 PCA 降维及图像识别。

```
1. clear all; close all;
2. load('Yale_64x64. mat');
3. I = fea/255;
4. I_disp = reshape(I', [64,64,1,165]);
5. figure, montage(I_disp,'size', [15,11]);
6. set(gcf, 'Position', [100, 300, 600, 800]);
7. %--------------------------------------------------
8. % 建立测试集与训练集
9. ind_test = 13;
10. I_train = I;                          % 训练图像集,N×M 维,N:样本数,M:每个样本含有的变量个数
11. gnd_train = gnd;                      % 图像对应的人物身份
12. I_train(ind_test,:) = [];
13. gnd_train(ind_test) = [];
14. [N, M] = size(I_train);
15. I_test = I(ind_test,:);
16. %--------------------------------------------------
17. % 求平均值
18. mu = mean(I_train, 1);
19. figure, imshow(reshape(mu, [64,64]),[],'initialmagnification','fit');
20. set(gcf, 'Position', [100, 300, 400, 400]);
21. title('平均脸');
22. % 求特征向量
23. It_centered = bsxfun(@ minus,I_train,mu);
24. [~ , ~ , V] = svd(It_centered, 'econ');
25. p = 50;                               % 选择前 p 个特征向量
26. Vp = V(:,1:p);
27. figure, montage(reshape(Vp, [64,64,1,p]), 'size', [5,10], …
28.     'DisplayRange',[min(Vp(:)),max(Vp(:))]);   % 特征脸 eigenface
29. set(gcf, 'Position', [100, 300, 800, 400]);
30. %--------------------------------------------------
31. % 降维(所有图像在特征空间的投影)
32. coeff = I*Vp;                         % 降维至 N×p 维,N:样本数
```

---

① Yale University,Department of Computer Science,Center for Computational Vision and Control. http://cvc. cs. yale. edu/cvc/projects/yalefaces/yalefaces. html.

```
33. Ir = coeff*Vp';                    % 用 Vp 重建图像集
34. figure, montage(reshape(Ir, [64,64,1,165]),'size',[15,11]); % 重建
35. title(['用前',num2str(p),'个主成分重建图像'],'fontsize',12)
36. %-------------------------------------------------------------
37. coeff_train = I_train*Vp;          % 训练图像的特征(降维)
38. coeff_test = I_test*Vp;            % 测试图像的特征(在 p 个特征向量上的投影)
39. c = pdist2(coeff_train,coeff_test);  % 求测试图像与训练集图像在特征空间上的距离
40. [~ ,ind] = min(c);                 % 寻找与测试图像具有最小距离的训练图像(匹配)
41. figure, plot(c,'* ')
42. hold on; plot(ind,c(ind),'ro');
43. id = gnd_train(ind(1));
44. id_ideal = gnd(ind_test);
45. fprintf(['理想编号：',num2str(id_ideal),'\ n','识别结果：',num2str(id),'\ n']);
46. ind_all = find(gnd== id);
47. I_found = I(ind_all,:);
48. figure, subplot(121); imshow(reshape(I_test,[64,64])); title(['测试图像,理想编号：',num2str(id_ideal),'号']);
49. subplot(122); imshow(reshape(I_train(ind(1),:),[64,64]));title(['训练图像集匹配结果：',num2str(id),'号']);
50. set(gcf, 'Position', [100, 300, 600, 300]);
```

这个例子使用了 Yale 的人脸数据集,这个数据集中共有 165 张图片,包含 15 个人、每个人 11 张图片,如图 16.4 所示。在读取的数据矩阵 **I** 中,每幅图片都被向量化,因此 **I** 共有 165 行,每行代表一张图片。在第 9 行代码中,我们随机选择一张图片作为测试样本,把这张图片从训练数据集中拿掉(即训练数据集包括了除测试图片之外的所有图片)。

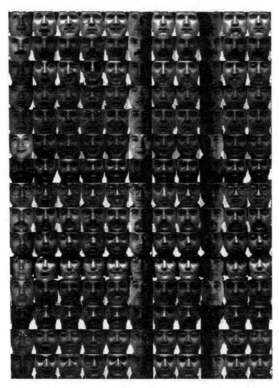

图 16.4　Yale_64×64 数据集中图片展示(15 个人,每人 11 张照片)

179

在第 18 行代码中,我们将训练集中的所有图片进行平均,在图 16.5 中展示出了平均脸。在网上经常可以看到这种例子,比如将某个国家、某个地区或某个性别的所有人脸进行平均,得到的平均脸尽管有点模糊,但往往都很顺眼,因为平均脸代表着共性。

图 16.5　平均脸

在第 23、24 行代码中,我们提取出训练集(数据矩阵 I_train)的主成分向量,在第 25～26 行中选择了前 50 个主成分向量。若将这些向量重新排列成二维图像的形式进行展示,将看到如图 16.6 所示的"特征脸"(eigenface)。与平均脸不同,特征脸体现的是更能展示个体差异性的特征。而我们将把图像拆分成由这些特征脸所组成的成分。

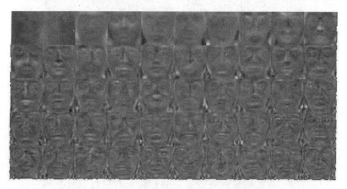

图 16.6　特征脸

第 32～35 行代码中,我们用特征脸来重建原始图像,即将原始图像表示成由特征脸加权叠加的和,从图 16.7 展示的重建结果可以看到,虽然有一定损失,但通过这 50 张特征脸已经可以捕捉到最关键的图像个体信息了。

我们可以利用这些主要成分(特征脸)对图像进行降维,把原本 $64 \times 64 = 4096$ 个像素点的图像投影到特征空间中,便只有 $p=50$ 个参数。在第 37 行代码中我们得到了训练图像集的特征参数 coeff_train(164 张图片,每张图片 50 个特征),同样在第 38 行代码中计算出了测试图像在这 50 个特征脸上的投影值作为其特征 coeff_test。

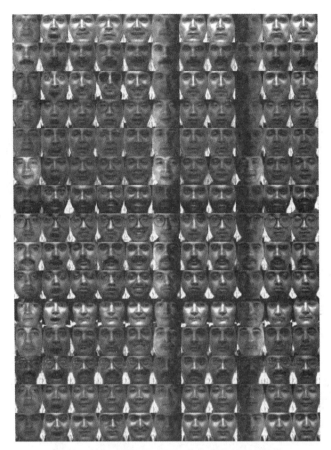

图 16.7　用特征脸(前 50 个主成分)重建图像

在第 39 行代码中,我们计算 coeff_test 到训练集中每一张图片所包含的特征之间的距离,而最小的距离对应的索引值便代表着与测试图片最相像的训练集图片。把本例结果展示于图 16.8 中,可以看到,左边的测试图像对应的理想编号是 2 号(即第 2 号人物),而在训练集中根据特征找到的最匹配的结果也对应着 2 号人物。

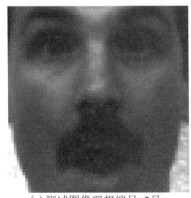

(a)测试图像理想编号:2号　　　　　　(b)训练图像集匹配结果:2号

图 16.8　特征匹配结果

这个例子是利用 PCA 进行图像匹配/识别的一个简单例子,其中主成分参数个数 p 的选择需要根据数据集进行调整。

 作 业

1. 例 16.1 代码是关于彩图的压缩。

(1) 请将其简化成对灰度图像进行压缩的版本,展示你的代码。

(2) 读入一个灰度图,并展示质量因子为 10,20,50,80,100 时的压缩重建结果。

2. 在基于 DCT 的压缩算法中,修改量化矩阵 $\boldsymbol{S}_i^{(q)}$ 为保留 $\boldsymbol{S}_i$ 左上角 21 个元素的结果(其他元素置 0),见式(16.5),读入一个灰度图,展示压缩前后的图像比较。

$$\boldsymbol{S}_i^{(q)} = \begin{bmatrix} S_i(1,1) & S_i(1,2) & S_i(1,3) & S_i(1,4) & S_i(1,5) & S_i(1,6) & 0 & 0 \\ S_i(2,1) & S_i(2,2) & S_i(2,3) & S_i(2,4) & S_i(2,5) & 0 & 0 & 0 \\ S_i(3,1) & S_i(3,2) & S_i(3,3) & S_i(3,4) & 0 & 0 & 0 & 0 \\ S_i(4,1) & S_i(4,2) & S_i(4,3) & 0 & 0 & 0 & 0 & 0 \\ S_i(5,1) & S_i(5,2) & 0 & 0 & 0 & 0 & 0 & 0 \\ S_i(6,1) & 0 & 0 & 0 & 0 & 0 & 0 & 0 \\ 0 & 0 & 0 & 0 & 0 & 0 & 0 & 0 \\ 0 & 0 & 0 & 0 & 0 & 0 & 0 & 0 \end{bmatrix} \tag{16.5}$$

3. 在例 16.2 所展示的矢量量化的压缩代码中,只考虑了灰度图像的压缩过程,请:

(1) 将该代码改成对彩图的压缩。

(2) 展示不同 p 值下的压缩重建效果(请自行选择至少三个 p 值)。

> **提 示**
>
> 有两种方法,一是可在 RGB 三通道内分别完成聚类以及重构。二是可以将每个像素值视为 1×3 维的颜色向量进行聚类(后一种方法比较好)。
>
> 当发生无法收敛的问题时,可以考虑添加"MaxIter"参数,增大迭代次数。请参考 kmeans 函数的帮助文档。

4. 请选择一张不一样的图进行 PCA 压缩(参考例 16.3 代码),选择几个不同的 p 值,画出 p 值对应的误差(见例 16.3 代码第 14 行的 err)曲线,并且展示在这些 p 值下重建出的图像。

5. 请尝试例 16.4 所展示的人脸图像识别。

(1) 在"建立测试集与训练集"这一步中选择不同的测试图片,遍历 165 张图片,统计识别准确率。

(2) 讨论不同的 p 值对识别准确率的影响。

参考文献

[1] 程佩青. 数字信号处理教程[M]. 5 版. 北京:清华大学出版社,2017.

[2] 罗军辉,冯平,哈力旦·A,等. MATLAB 7.0 在图像处理中的应用[M]. 北京:机械工业出版社,2005.

[3] FAN L W,ZHANG F,FAN H,et al. Brief review of image denoising techniques [J]. Visual Computing for Industry,Biomedicine,and Art,2019,(2)1:1-12.

[4] TOMASI C,MANDUCHI R. Bilateral filtering for gray and color images[C]. In Proceedings of the IEEE International Conference on Computer Vision (ICCV),1998,doi:10.1109/ICCV.1998.710815.

[5] BUADES A,COLL B,MOREL J M. A non-local algorithm for image denoising [C]. In IEEE Computer Society Conference on Computer Vision and Pattern Recognition (CVPR),2005. doi:10.1109/CVPR.2005.38.

[6] CAI D,HE X F,HU Y X,et al. Learning a spatially smooth subspace for face recognition[C]. In IEEE Computer Society Conference on Computer Vision and Pattern Recognition,2007,doi:10.1109/CVPR.2007.383054.

[7] CAI D,HE X F,HAN J W. Spectral regression for efficient regularized subspace learning[C]. In Proceedings of the IEEE International Conference on Computer Vision (ICCV),2007,doi:10.1109/ICCV.2007.4408855.

[8] CAI D,HE X F,HAN J W,et al. Orthogonal laplacianfaces for face recognition [J]. IEEE Transactions on Image Processing,2006,15(11):3608-3614.

[9] HE X F,YAN S C,HU Y X,et al. Face recognition using laplacianfaces[J]. IEEE Transactions on Pattern Analysis and Machine Intelligence,2005,27(3):328-340.